KB271185

똑똑한 하루
빅터
연산

**Chunjae
Makes
Chunjae**

▼

기획총괄	박금옥
편집개발	지유경, 정소현, 조선영, 최윤석, 김장미, 유혜지, 남솔, 정하영
디자인총괄	김희정
표지디자인	윤순미, 심지현
내지디자인	이은정, 김정우, 퓨리터
제작	황성진, 조규영

발행일	2023년 10월 1일 초판 2023년 10월 1일 1쇄
발행인	(주)천재교육
주소	서울시 금천구 가산로9길 54
신고번호	제2001-000018호
고객센터	1577-0902

똑똑한 하루

빅터
연산

지루하고 힘든 연산은 OUT!
쉽고 재미있는 빅터연산으로 연산홀릭

입학 전
자신감을
키워주는
D
예비초

빅터 연산 단/계/별 학습 내용

빅터 연산
구성과 특징
예비초 D권

개념 & 원리

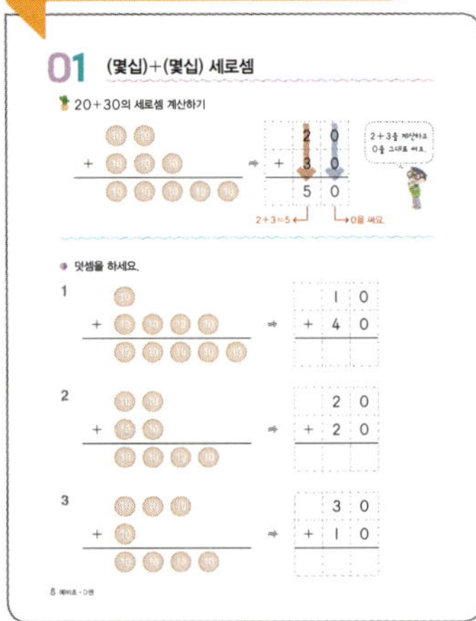

학습 준비

배울 내용 미리보기

이 단원에서 학습할 내용을 미리 알아봅니다.

개념 & 원리 탄탄

연산의 원리를 쉽고 재미있게 이해하도록 하였습니다.
원리 이해를 돕는 문제로 연산의 기본을 다집니다.

즐거운 연산

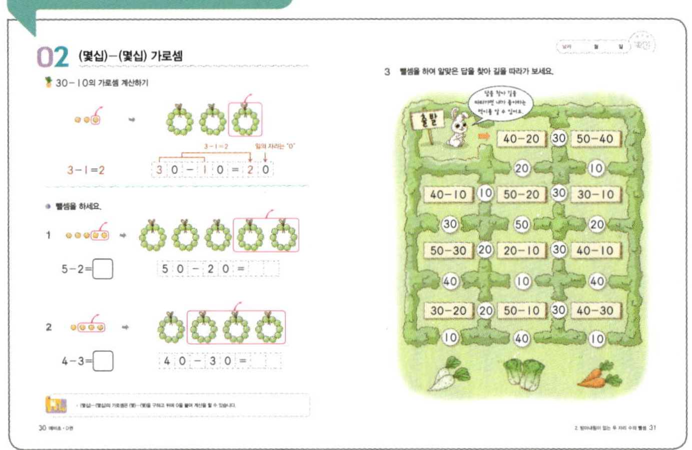

실력 확인

재미있는 유형으로 즐거운 연산

다양한 형태의 문제로 쉽고 재미있게
연산을 할 수 있습니다.

무엇을 배웠나요?

「무엇을 배웠나요?」를 통해
연산의 기본기를 튼튼히 다집니다.

Contents

차례

1. 받아올림이 없는 두 자리 수의 덧셈

❖ 21＋13 계산하기

• 세로셈 계산하기

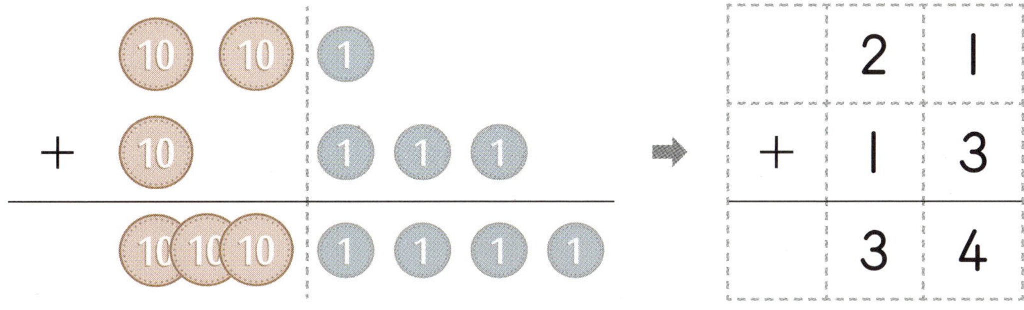

• 가로셈 계산하기

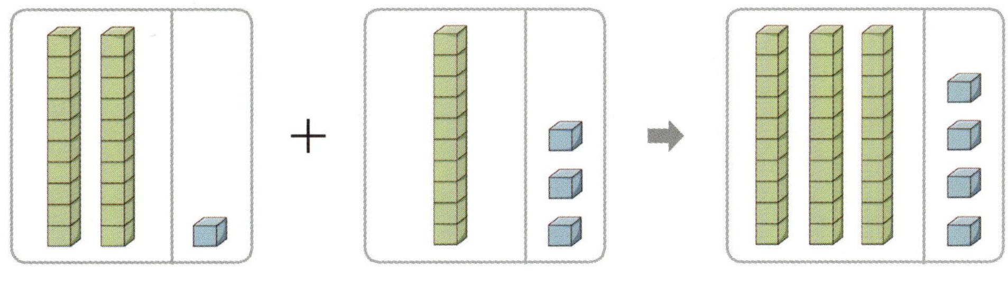

01 (몇십)+(몇십) 세로셈

🌵 20+30의 세로셈 계산하기

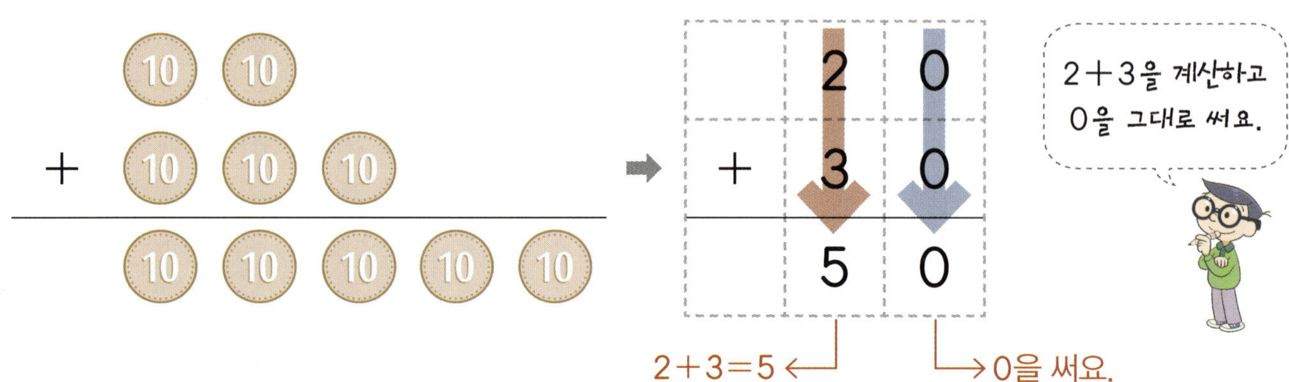

● 덧셈을 하세요.

1

$$\begin{array}{r} 1\ 0 \\ +\ 4\ 0 \\ \hline \end{array}$$

2

$$\begin{array}{r} 2\ 0 \\ +\ 2\ 0 \\ \hline \end{array}$$

3

$$\begin{array}{r} 3\ 0 \\ +\ 1\ 0 \\ \hline \end{array}$$

● 덧셈을 하세요.

4
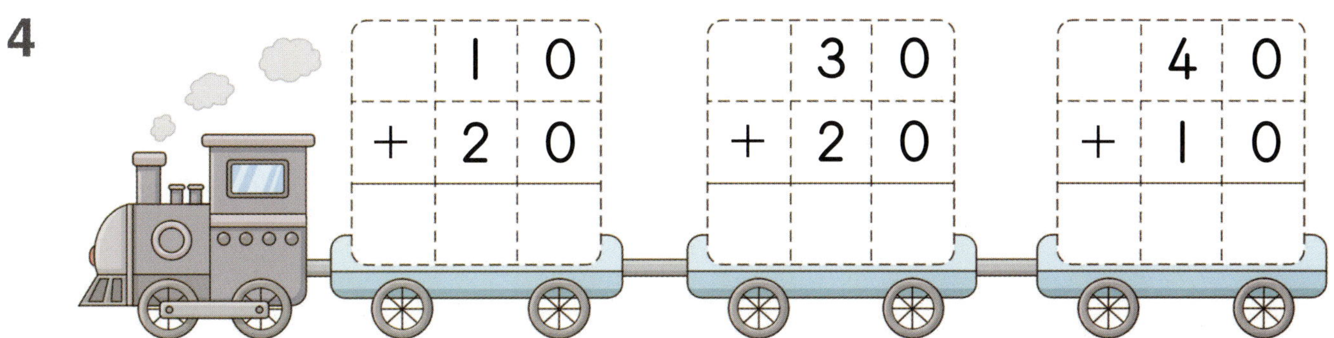

	1	0
+	2	0

	3	0
+	2	0

	4	0
+	1	0

5
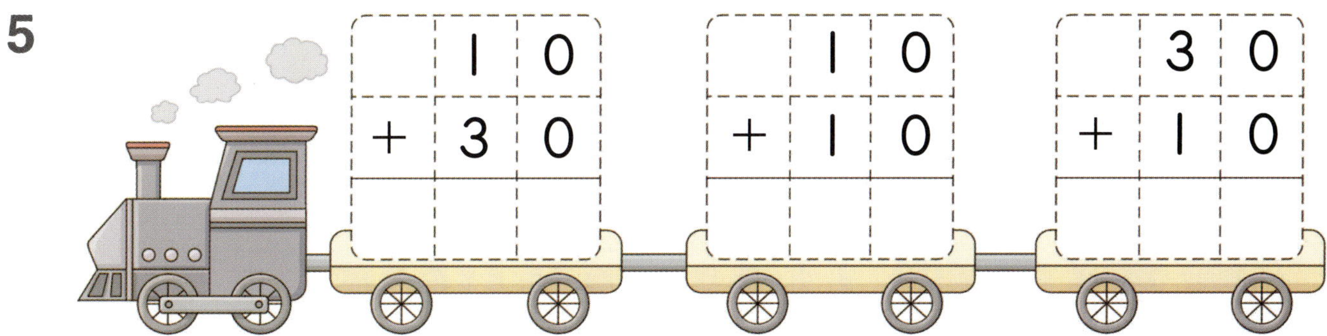

	1	0
+	3	0

	1	0
+	1	0

	3	0
+	1	0

6
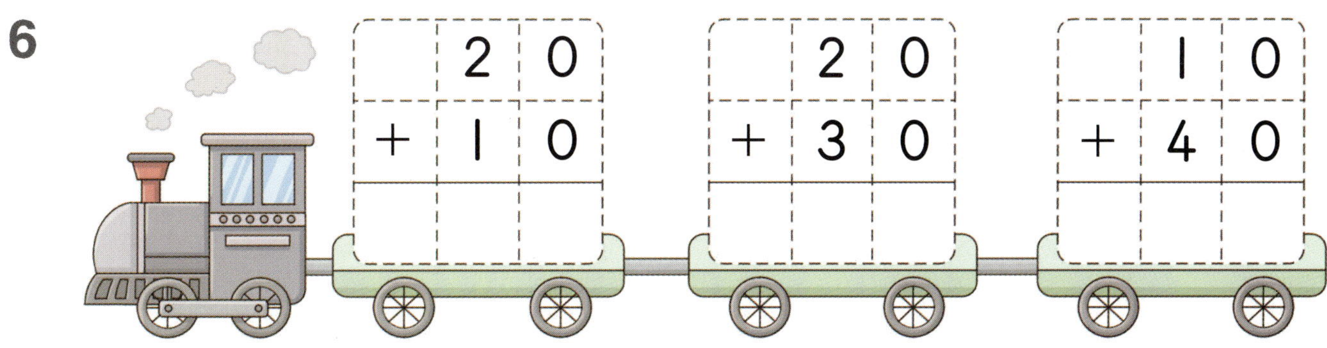

	2	0
+	1	0

	2	0
+	3	0

	1	0
+	4	0

꿀 Tip

· (몇십)+(몇십)의 세로셈에서 십의 자리는 십의 자리 수끼리 더하여 쓰고 일의 자리에는 0을 씁니다.

02 (몇십)+(몇십) 가로셈

🌵 20+30의 가로셈 계산하기

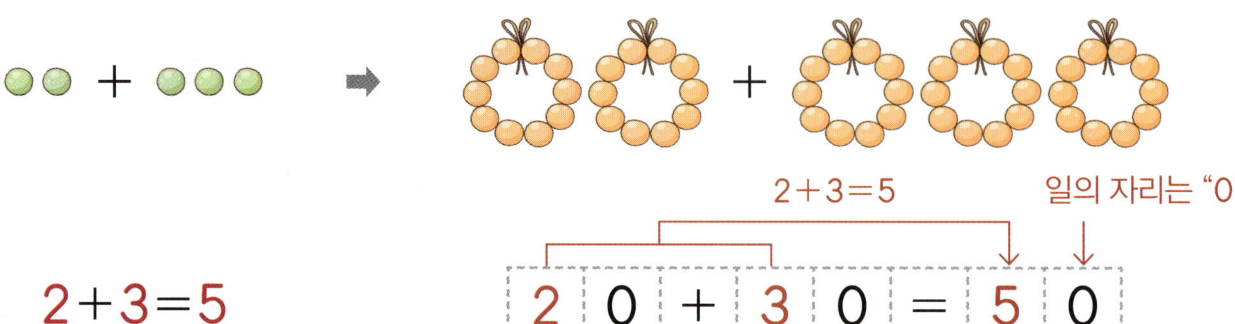

2+3=5

2+3=5   일의 자리는 "0"

| 2 | 0 | + | 3 | 0 | = | 5 | 0 |

● 덧셈을 하세요.

1

1+2=☐

| 1 | 0 | + | 2 | 0 | = | | |

2

2+2=☐

| 2 | 0 | + | 2 | 0 | = | | |

• (몇십)+(몇십)의 가로셈은 (몇)+(몇)을 구하고 뒤에 0을 붙여 계산을 할 수 있습니다.

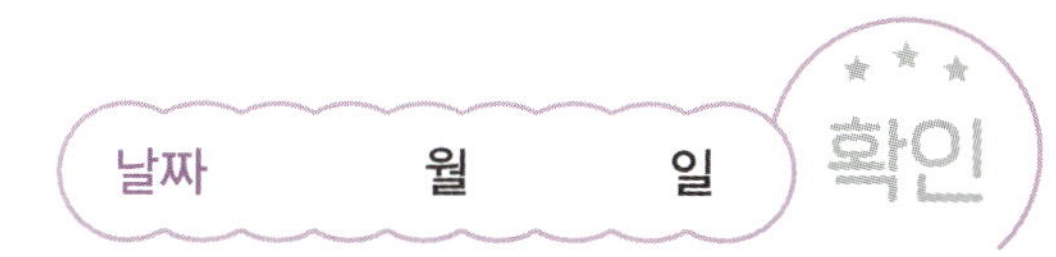

3 덧셈을 하여 알맞은 답을 찾아 길을 따라가 보세요.

03 (몇십몇)+(몇십) 세로셈

🌵 14+20의 세로셈 계산하기

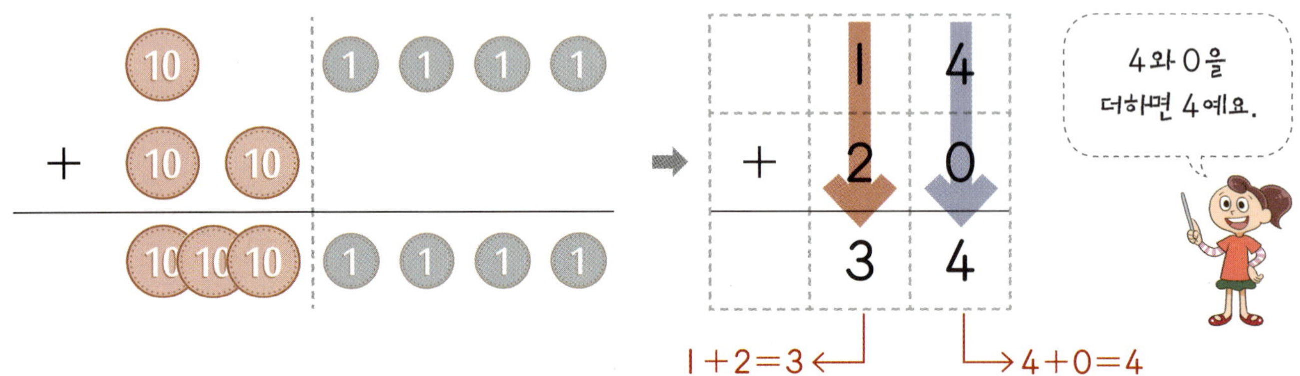

● 덧셈을 하세요.

1

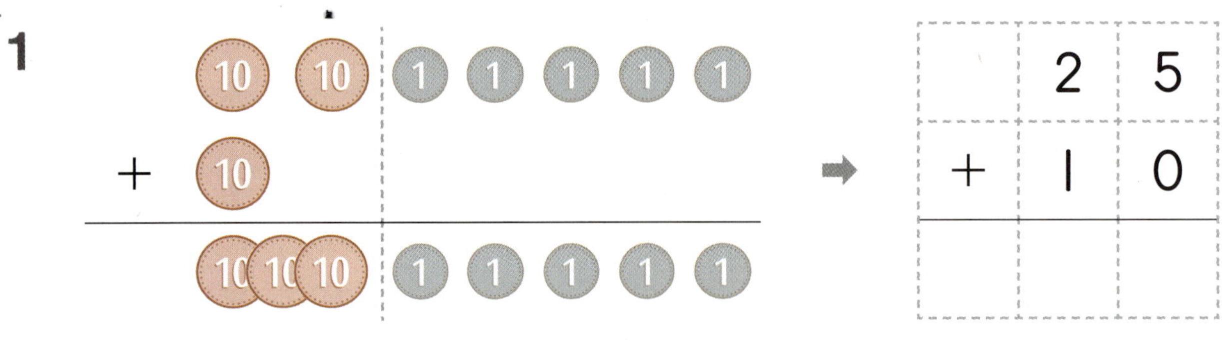

$$\begin{array}{ccc} & 2 & 5 \\ + & 1 & 0 \\ \hline \end{array}$$

2

$$\begin{array}{ccc} & 2 & 3 \\ + & 2 & 0 \\ \hline \end{array}$$

3

$$\begin{array}{ccc} & 1 & 4 \\ + & 3 & 0 \\ \hline \end{array}$$

● 덧셈을 하세요.

4

$$\begin{array}{r} 17 \\ +30 \\ \hline \end{array}$$

5

$$\begin{array}{r} 26 \\ +10 \\ \hline \end{array}$$

6

$$\begin{array}{r} 12 \\ +10 \\ \hline \end{array}$$

7

$$\begin{array}{r} 15 \\ +30 \\ \hline \end{array}$$

8

$$\begin{array}{r} 11 \\ +10 \\ \hline \end{array}$$

9

$$\begin{array}{r} 23 \\ +10 \\ \hline \end{array}$$

10

$$\begin{array}{r} 38 \\ +10 \\ \hline \end{array}$$

11

$$\begin{array}{r} 24 \\ +10 \\ \hline \end{array}$$

12

$$\begin{array}{r} 18 \\ +30 \\ \hline \end{array}$$

- (몇십몇)+(몇십)의 세로셈은 자리를 맞추어 쓰고 같은 자리 수끼리 더하여 계산을 할 수 있습니다.
- (몇)+0은 아무것도 없는 0을 더했으므로 몇이 됩니다.

04 (몇십몇)+(몇십) 가로셈

🌵 **14+20의 가로셈 계산하기**

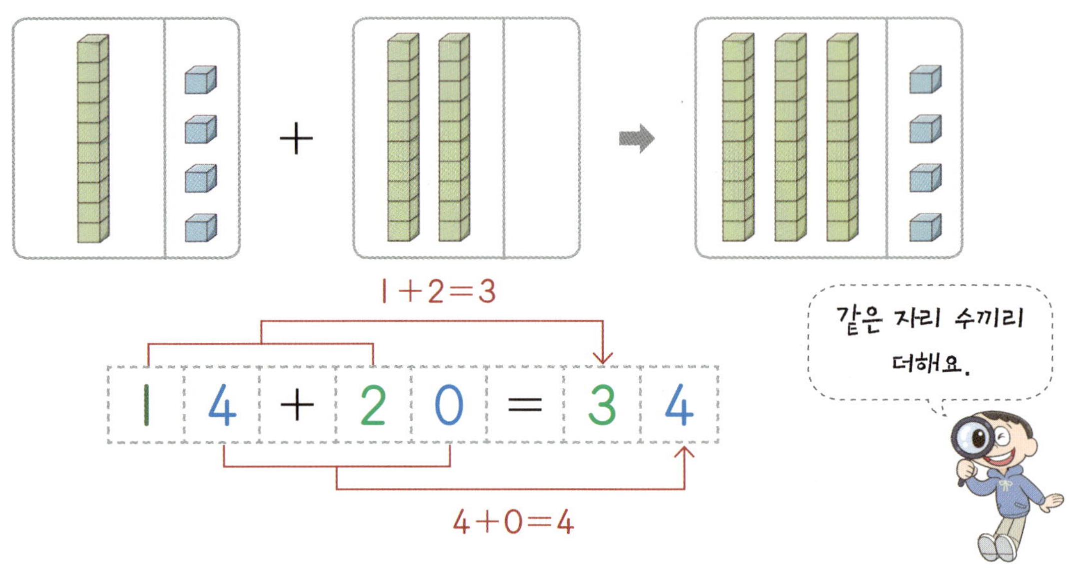

● **덧셈을 하세요.**

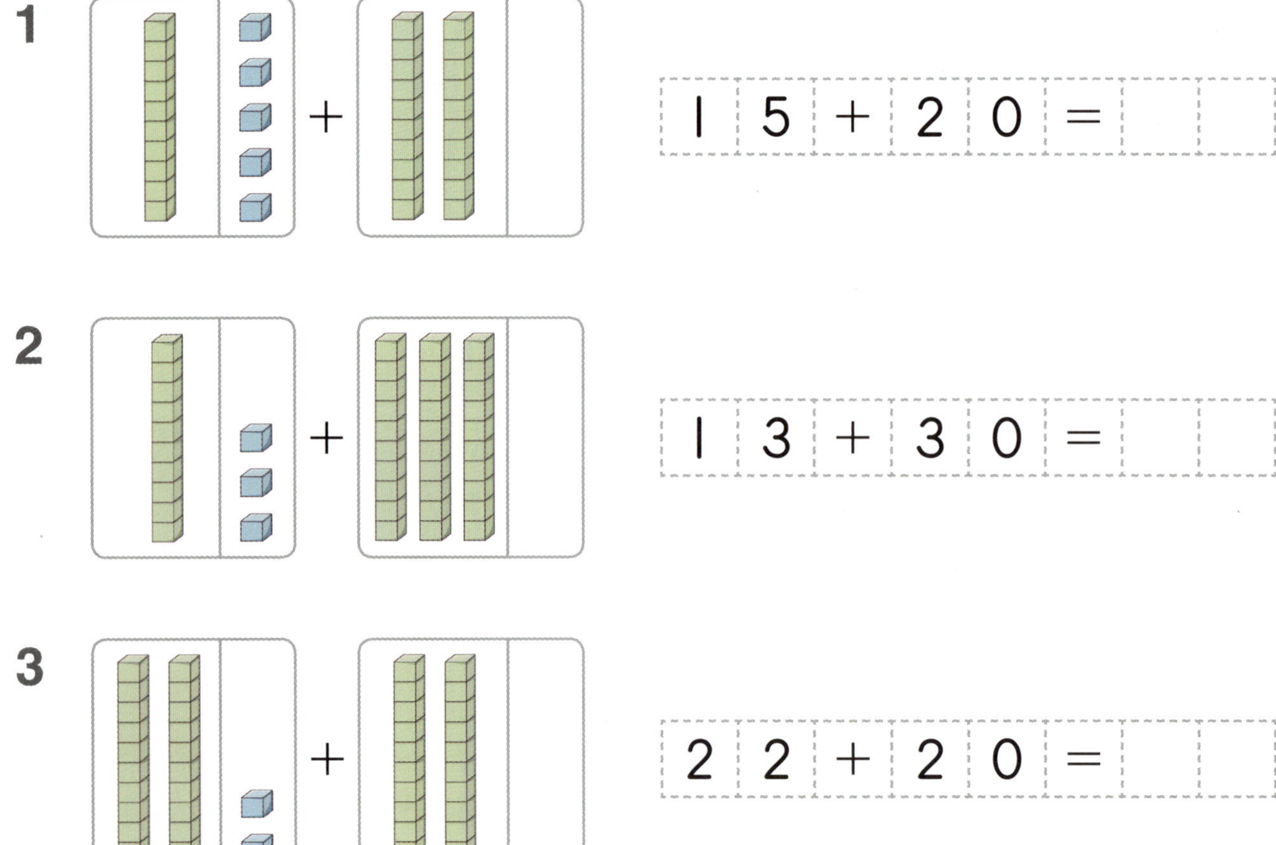

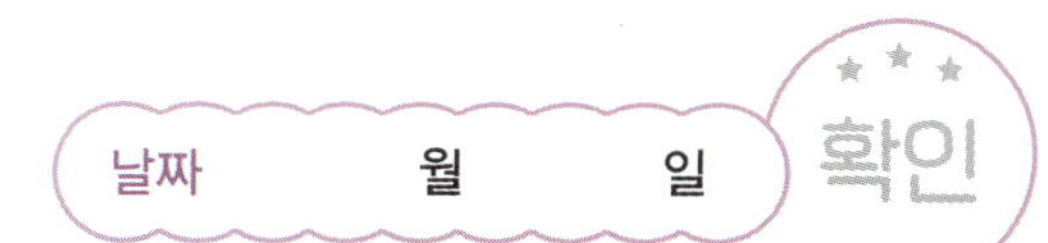

● **덧셈을 하세요.**

4 

5 

6

7 

8

9 

10

11 

- (몇십몇)+(몇십)의 가로셈은 십의 자리 수끼리, 일의 자리 수끼리 각각 더하여 계산을 할 수 있습니다.
- 어떤 수에 아무것도 없는 0을 더하면 그대로 어떤 수가 됩니다.

05 (두 자리 수)+(두 자리 수) 세로셈

🌵 21+13의 세로셈 계산하기

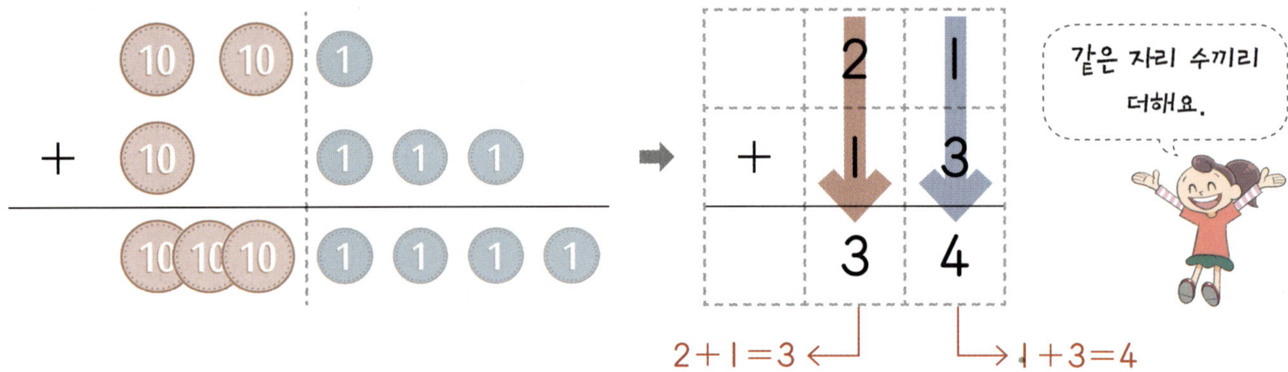

● 덧셈을 하세요.

1

$$\begin{array}{ccc} & 2 & 3 \\ + & 1 & 2 \\ \hline & & \end{array}$$

2

$$\begin{array}{ccc} & 1 & 2 \\ + & 2 & 4 \\ \hline & & \end{array}$$

3

$$\begin{array}{ccc} & 2 & 3 \\ + & 2 & 2 \\ \hline & & \end{array}$$

● 덧셈을 하세요.

4

	1	4
+	1	3

5

	2	4
+	1	5

6

	1	1
+	3	5

7

	1	4
+	2	4

8

	1	5
+	1	2

9

	3	1
+	1	3

10

	1	6
+	1	2

11

	2	3
+	1	1

12

	2	1
+	2	7

- (두 자리 수)+(두 자리 수)의 세로셈은 십의 자리 수끼리, 일의 자리 수끼리 자리를 맞추어 쓰고 같은 자리 수끼리 더하여 계산을 할 수 있습니다.

06 (두 자리 수)+(두 자리 수) 가로셈

🌵 21+13의 가로셈 계산하기

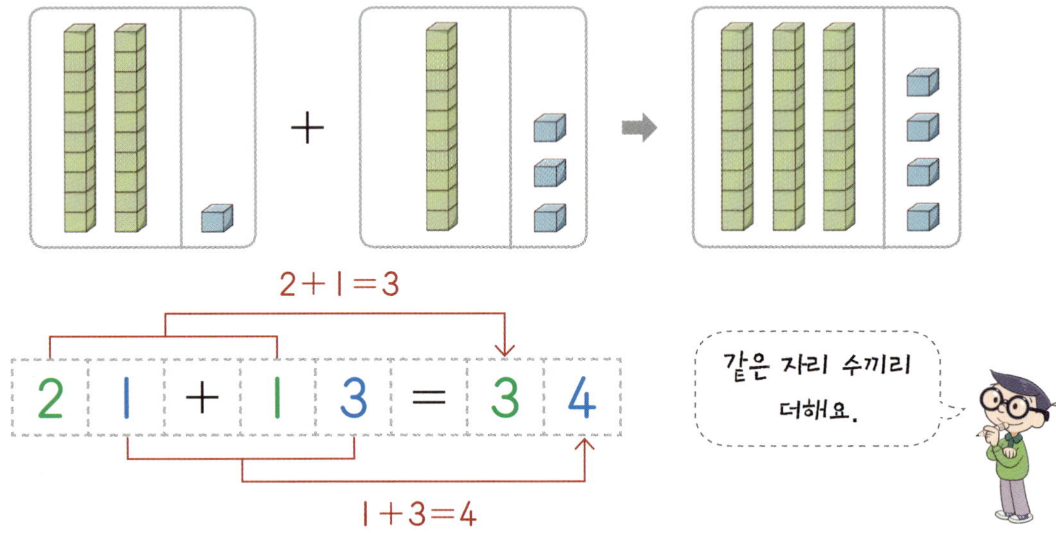

● 덧셈을 하세요.

1

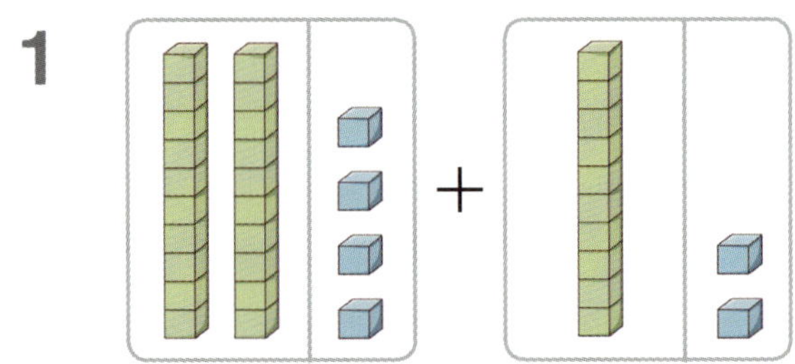

2 4 + 1 2 =

2

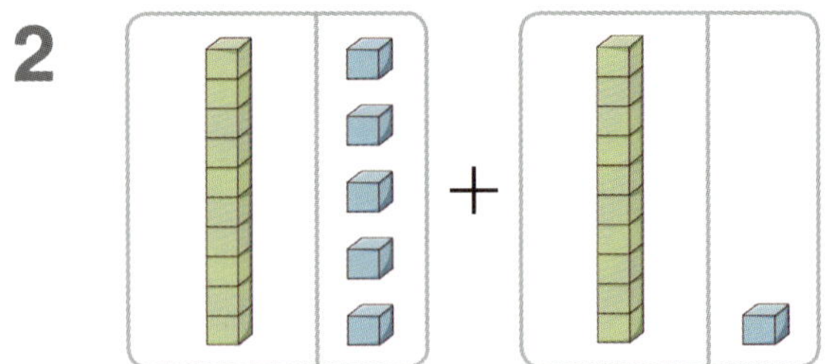

1 5 + 1 1 =

3

2 3 + 2 4 =

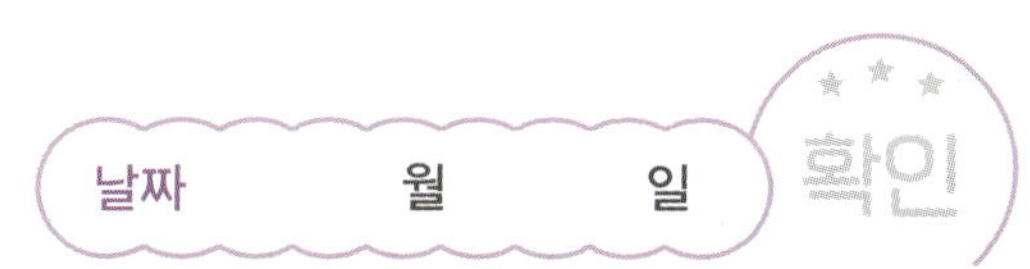

● 덧셈을 하세요.

4 

13 + 13 =

5 

25 + 23 =

6 

31 + 15 =

7 

17 + 11 =

8 

22 + 15 =

9 

36 + 12 =

10 

14 + 22 =

11 

11 + 34 =

• (두 자리 수)+(두 자리 수)의 가로셈은 십의 자리 수끼리, 일의 자리 수끼리 각각 더하여 계산을 할 수 있습니다.

（두 자리 수）＋（두 자리 수）의 계산

24＋13의 가로셈과 세로셈

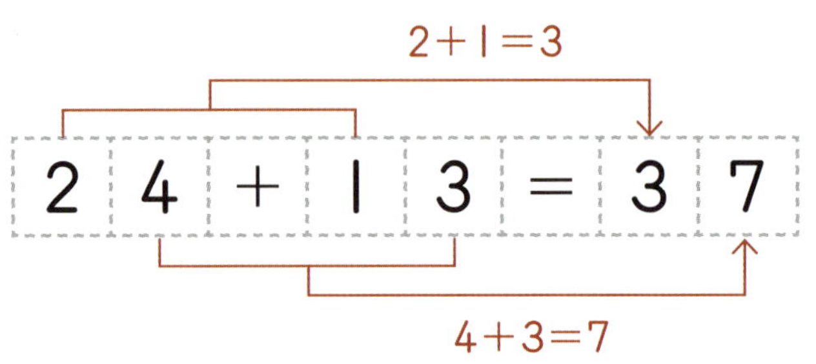

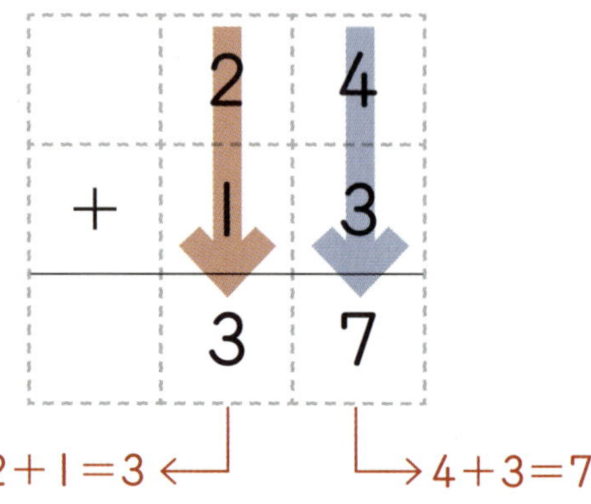

● **덧셈을 하세요.**

1 $10+30=$ ☐

2 $12+10=$ ☐

3 $26+11=$ ☐

4 $15+34=$ ☐

5
$$\begin{array}{r} 16 \\ +10 \\ \hline \end{array}$$
☐

6
$$\begin{array}{r} 12 \\ +26 \\ \hline \end{array}$$
☐

7
$$\begin{array}{r} 35 \\ +13 \\ \hline \end{array}$$
☐

• （두 자리 수）＋（두 자리 수）의 계산은 십의 자리는 십의 자리 수끼리, 일의 자리는 일의 자리 수끼리 더하여 계산을 할 수 있습니다.

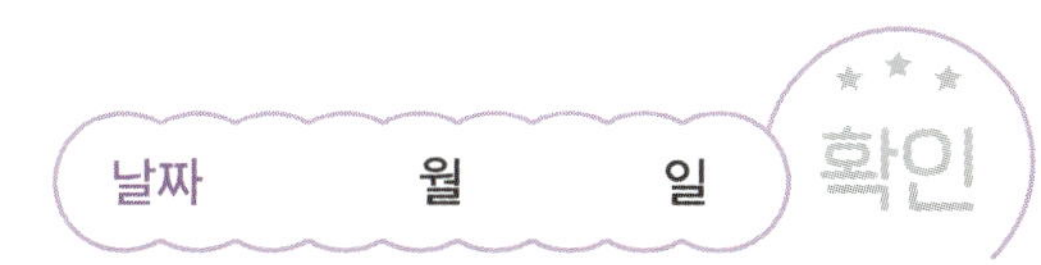

8 덧셈을 하세요.

16 + 12 = ☐

24 + 13 = ☐

35 + 12 = ☐

$$\begin{array}{r} 23 \\ +\ 24 \\ \hline \end{array}$$

$$\begin{array}{r} 32 \\ +\ 16 \\ \hline \end{array}$$

$$\begin{array}{r} 12 \\ +\ 27 \\ \hline \end{array}$$

$$\begin{array}{r} 17 \\ +\ 12 \\ \hline \end{array}$$

$$\begin{array}{r} 34 \\ +\ 11 \\ \hline \end{array}$$

08 무엇을 배웠나요? ❶

● 덧셈을 하세요.

1   20 + 10 =

2   10 + 10 =

3   16 + 20 =

4   23 + 20 =

5   13 + 13 =

6   34 + 12 =

7
$$\begin{array}{r} 2\ 5 \\ +\ 2\ 0 \\ \hline \end{array}$$

8
$$\begin{array}{r} 3\ 2 \\ +\ 1\ 6 \\ \hline \end{array}$$

9
$$\begin{array}{r} 1\ 6 \\ +\ 2\ 1 \\ \hline \end{array}$$

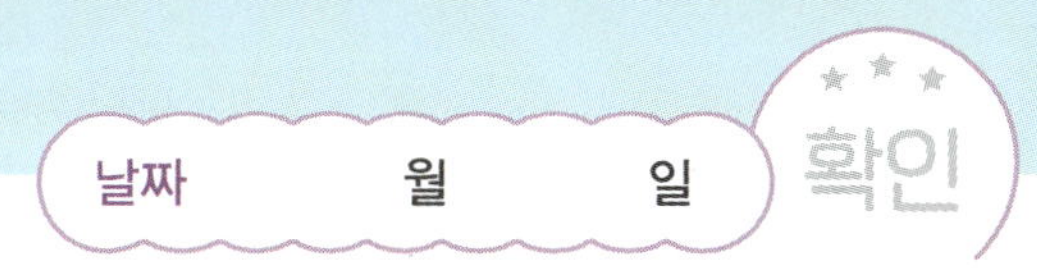

10 | 10 | + | 30 | = | |

11 | 40 | + | 10 | = | |

12 | 27 | + | 10 | = | |

13 | 12 | + | 20 | = | |

14 | 30 | + | 17 | = | |

15 | 15 | + | 12 | = | |

16
```
    2 1
+   1 7
-------
```

17
```
    2 3
+   2 6
-------
```

18
```
    3 3
+   1 3
-------
```

● 덧셈을 하세요.

1

$$\begin{array}{r} 16 \\ +12 \\ \hline \end{array}$$

2

$$\begin{array}{r} 23 \\ +14 \\ \hline \end{array}$$

3

$$\begin{array}{r} 33 \\ +12 \\ \hline \end{array}$$

4

$$\begin{array}{r} 24 \\ +15 \\ \hline \end{array}$$

5

$$\begin{array}{r} 36 \\ +11 \\ \hline \end{array}$$

6

$$\begin{array}{r} 31 \\ +20 \\ \hline \end{array}$$

7

$$\begin{array}{r} 11 \\ +14 \\ \hline \end{array}$$

8

$$\begin{array}{r} 25 \\ +13 \\ \hline \end{array}$$

9

$$\begin{array}{r} 35 \\ +14 \\ \hline \end{array}$$

10

$$\begin{array}{r} 11 \\ +35 \\ \hline \end{array}$$

11

$$\begin{array}{r} 15 \\ +31 \\ \hline \end{array}$$

12

$$\begin{array}{r} 22 \\ +15 \\ \hline \end{array}$$

13 14+10=

14 26+20=

15 13+24=

16 15+13=

17 15+10=

18 22+20=

19 12+24=

20 14+15=

21 27+11=

22 32+17=

2 받아내림이 없는 두 자리 수의 뺄셈

❖ 24−12 계산하기

• 세로셈 계산하기

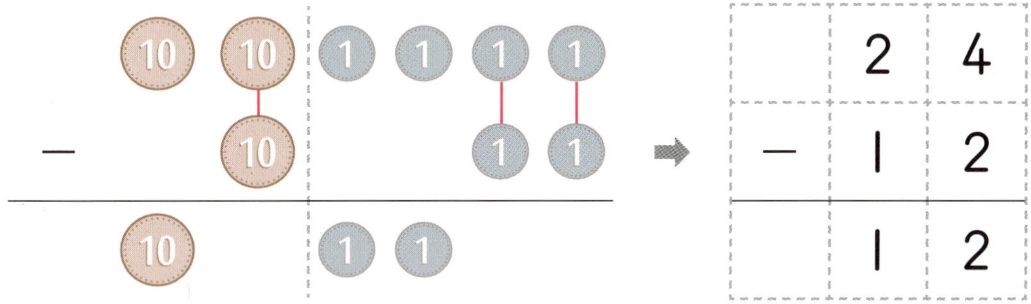

• 가로셈 계산하기

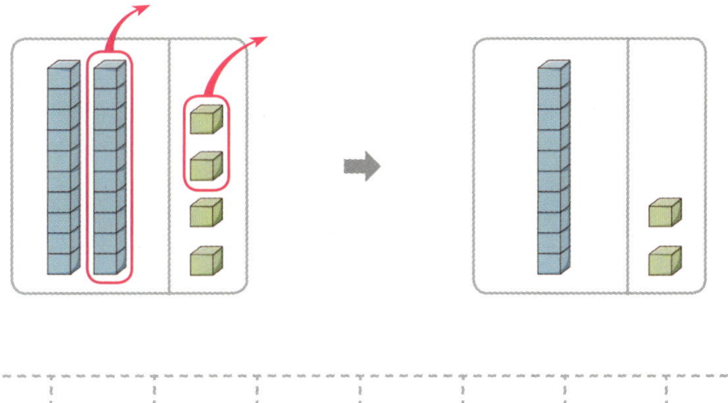

$$2 \ 4 \ - \ 1 \ 2 \ = \ 1 \ 2$$

01 (몇십)−(몇십) 세로셈

🌵 30−10의 세로셈 계산하기

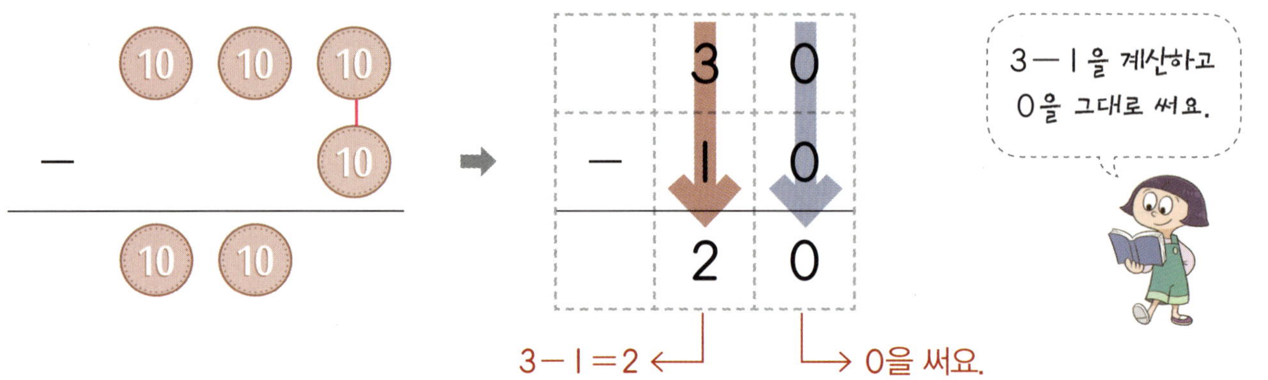

● 뺄셈을 하세요.

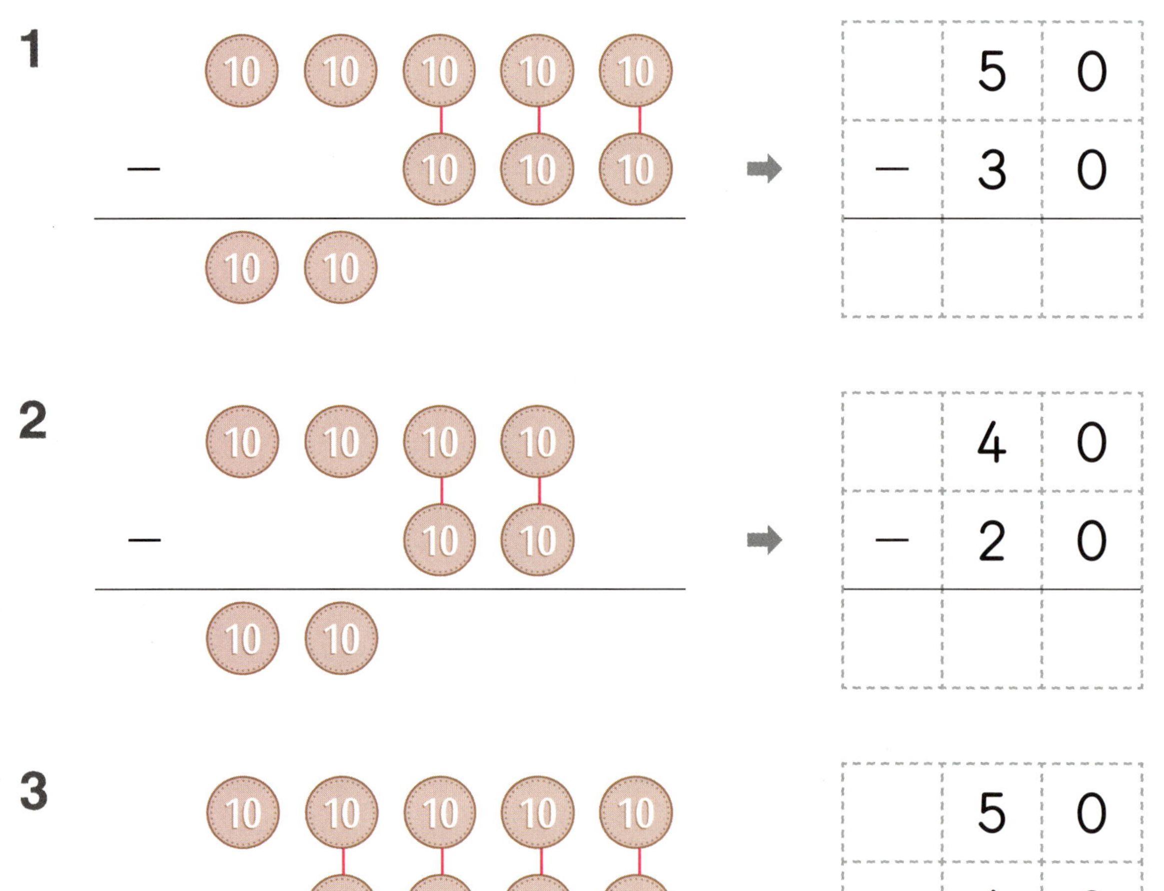

● **뺄셈을 하세요.**

4 

5 

6 

7 

8 

9 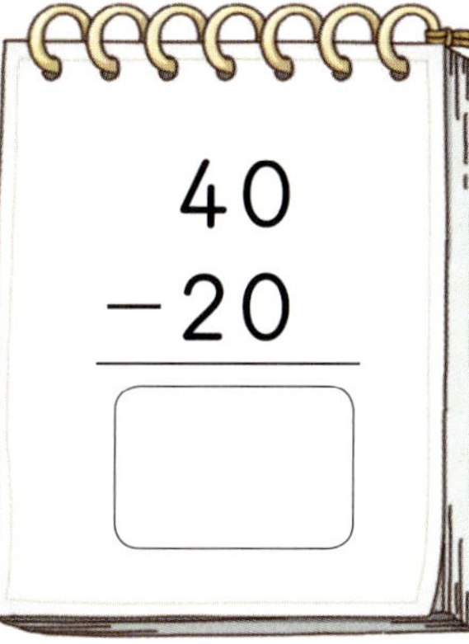

10 

11 

12 

• (몇십)−(몇십)의 세로셈에서 십의 자리는 십의 자리 수끼리 빼서 쓰고 일의 자리에는 0을 씁니다.

02 (몇십)−(몇십) 가로셈

🌵 30−ㅣ0의 가로셈 계산하기

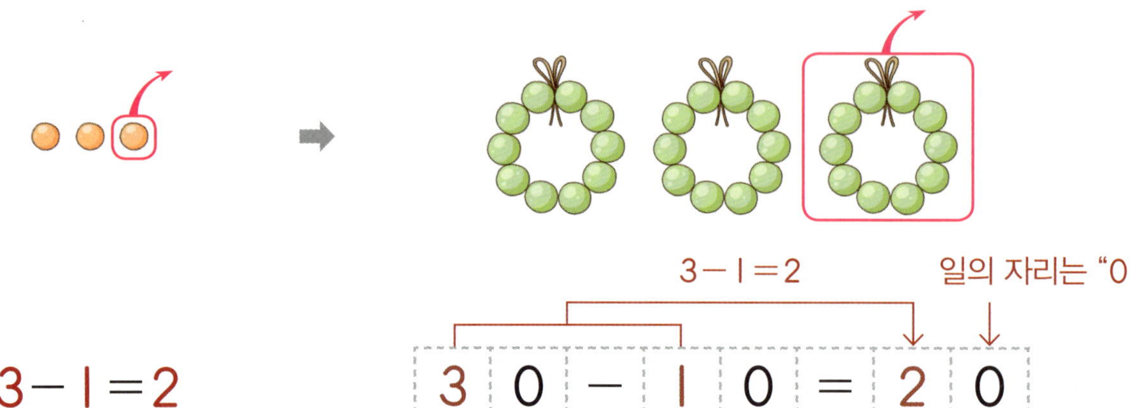

$$3-1=2$$

● 뺄셈을 하세요.

1

$$5-2=\boxed{}$$

$$5\ 0\ -\ 2\ 0\ =$$

2

$$4-3=\boxed{}$$

$$4\ 0\ -\ 3\ 0\ =$$

• (몇십)−(몇십)의 가로셈은 (몇)−(몇)을 구하고 뒤에 0을 붙여 계산을 할 수 있습니다.

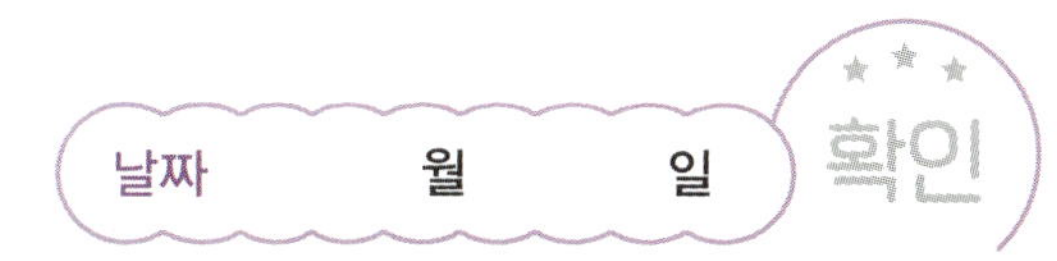

3 뺄셈을 하여 알맞은 답을 찾아 길을 따라가 보세요.

03 (몇십몇)−(몇십) 세로셈

🌵 24−10의 세로셈 계산하기

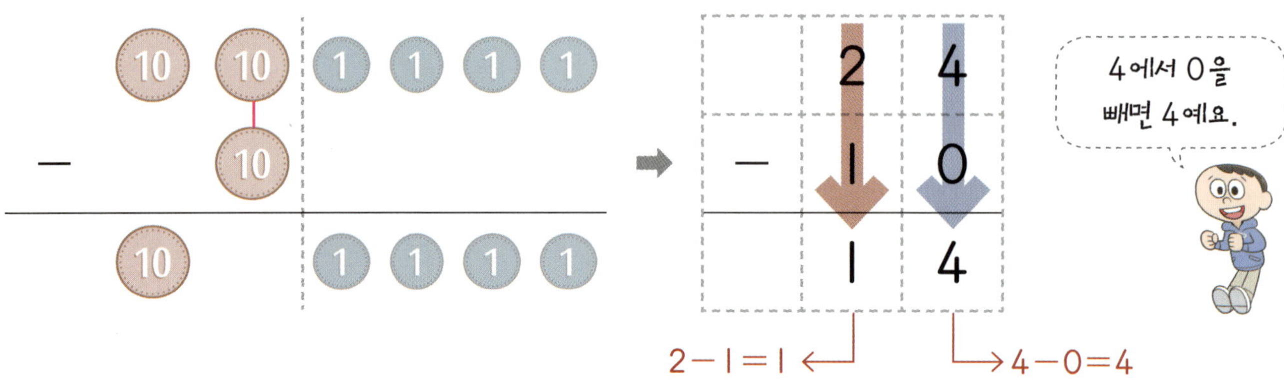

● 뺄셈을 하세요.

1

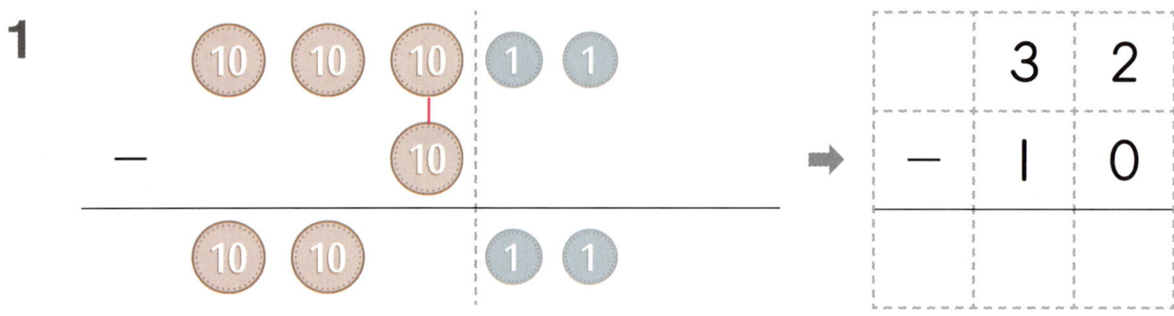

2

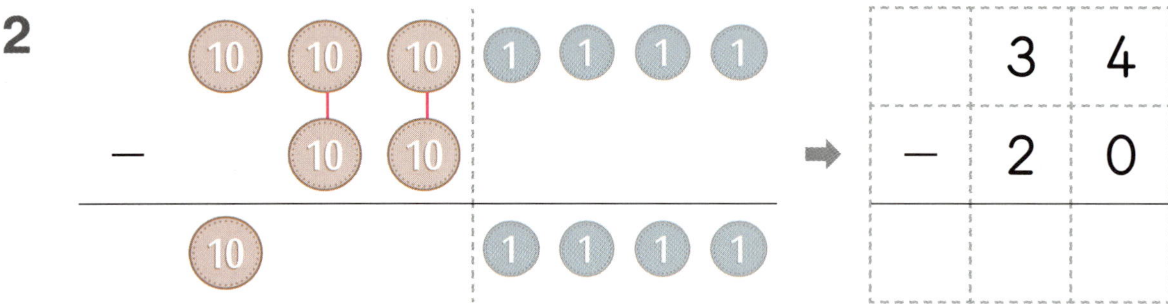

3

4 뺄셈을 하세요.

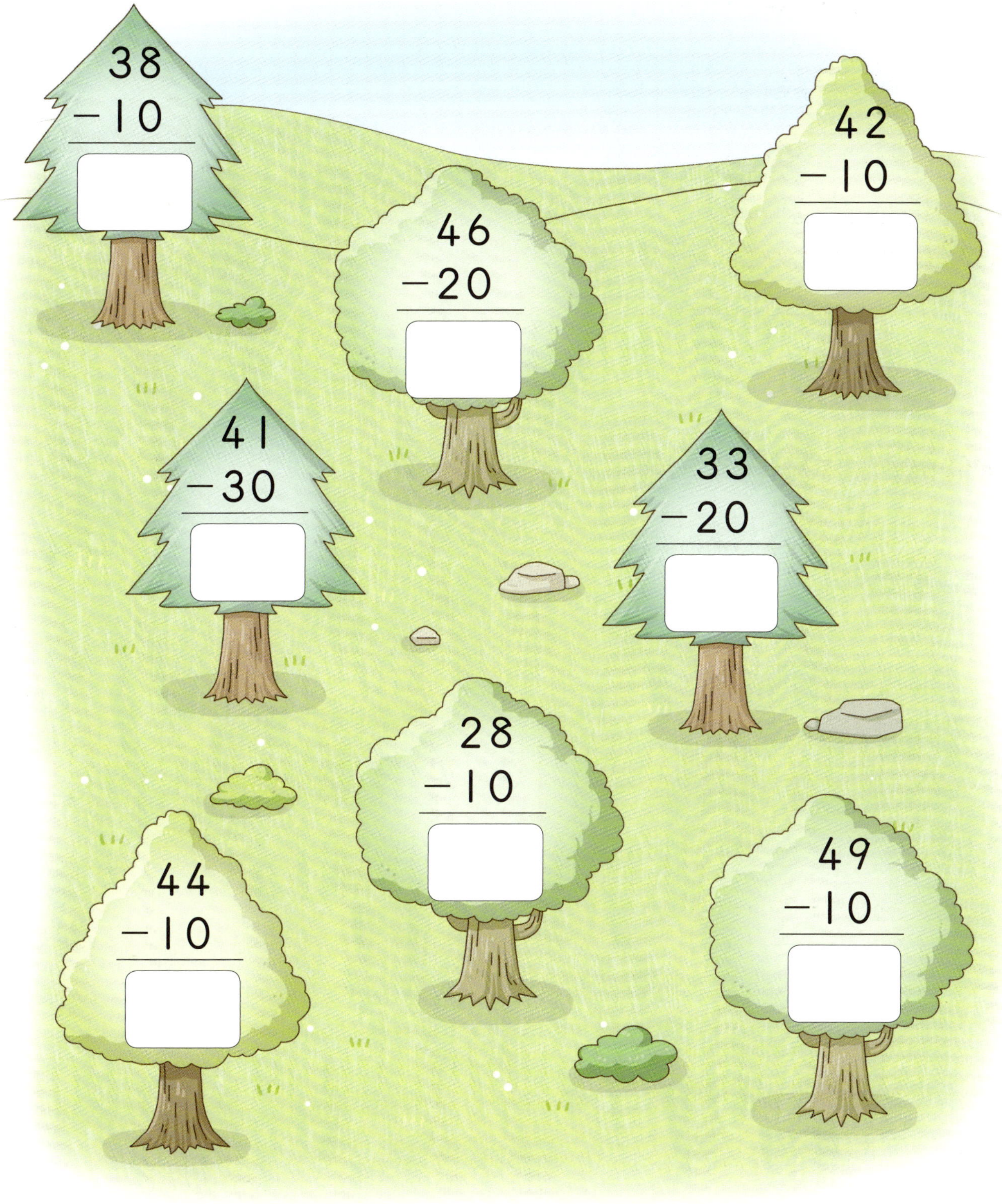
38
− 10
46
− 20
42
− 10
41
− 30
33
− 20
28
− 10
44
− 10
49
− 10

꿀 Tip

- (몇십몇)−(몇십)의 세로셈은 자리를 맞추어 쓰고 같은 자리 수끼리 빼서 계산을 할 수 있습니다.
- (몇)−0은 아무것도 없는 0을 뺐으므로 몇이 됩니다.

04 (몇십몇)−(몇십) 가로셈

🌵 24−10의 가로셈 계산하기

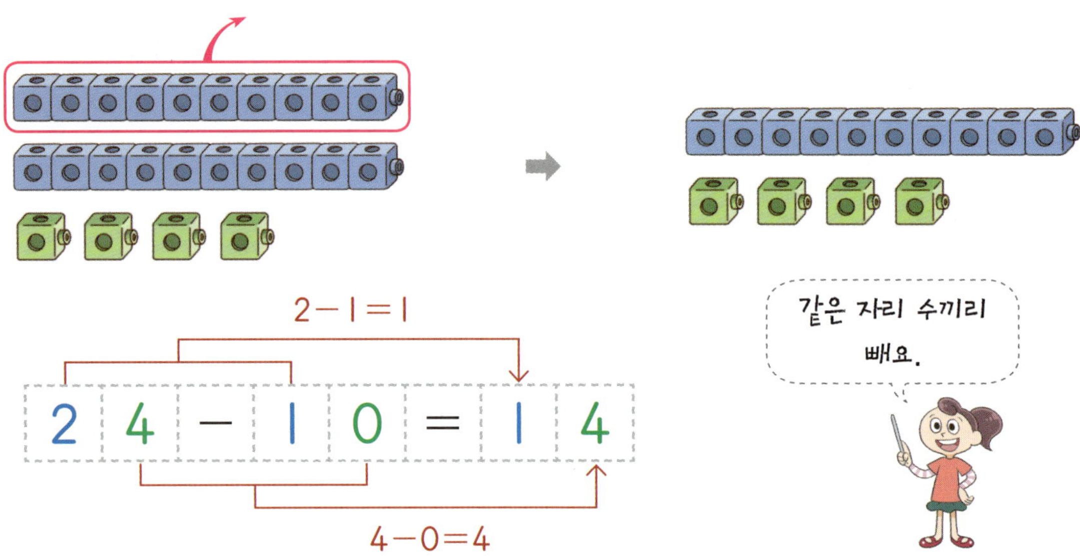

● 뺄셈을 하세요.

1

3 7 − 2 0 =

2

2 5 − 1 0 =

• (몇십몇)−(몇십)의 가로셈은 십의 자리 수끼리, 일의 자리 수끼리 각각 빼서 계산을 할 수 있습니다.
• 어떤 수에서 아무것도 없는 0을 빼면 그대로 어떤 수가 됩니다.

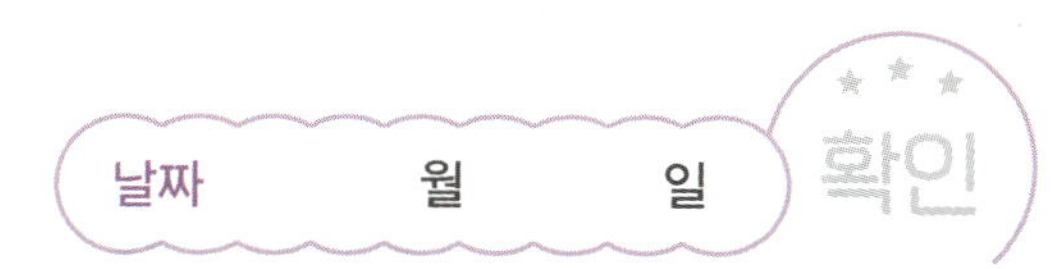

● 뺄셈을 하세요.

3

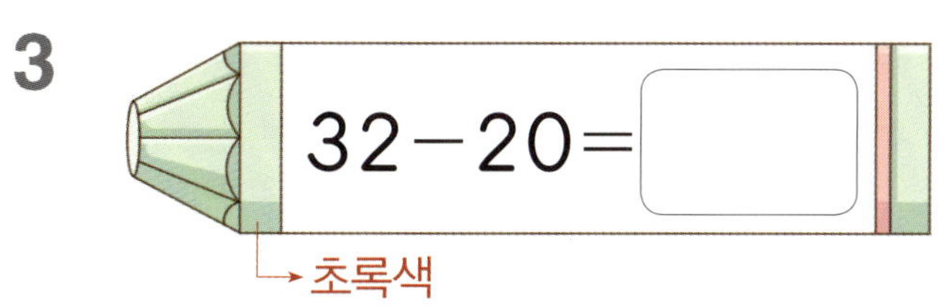

$32 - 20 =$

→ 초록색

4

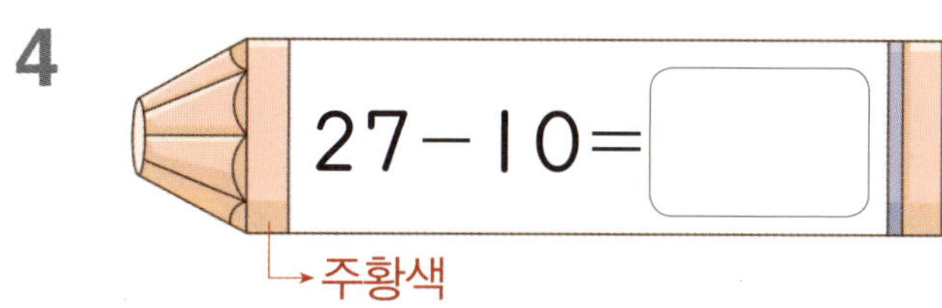

$27 - 10 =$

→ 주황색

5

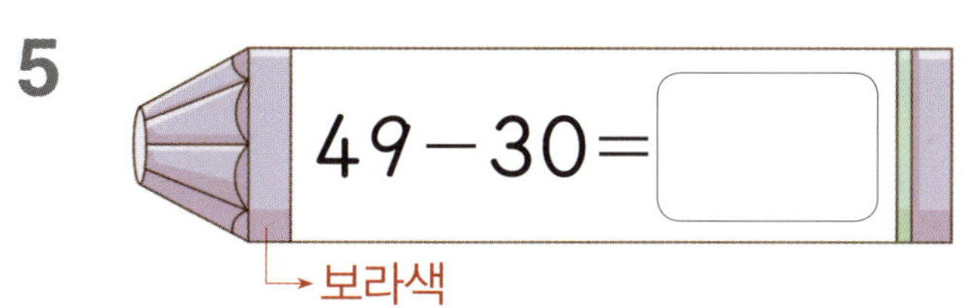

$49 - 30 =$

→ 보라색

6

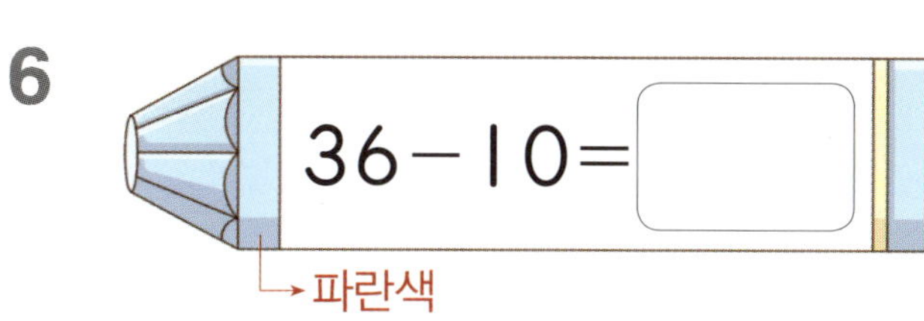

$36 - 10 =$

→ 파란색

7

$45 - 20 =$

8

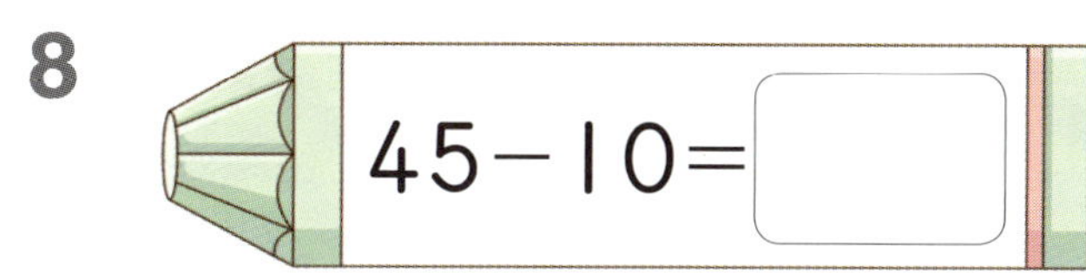

$45 - 10 =$

9

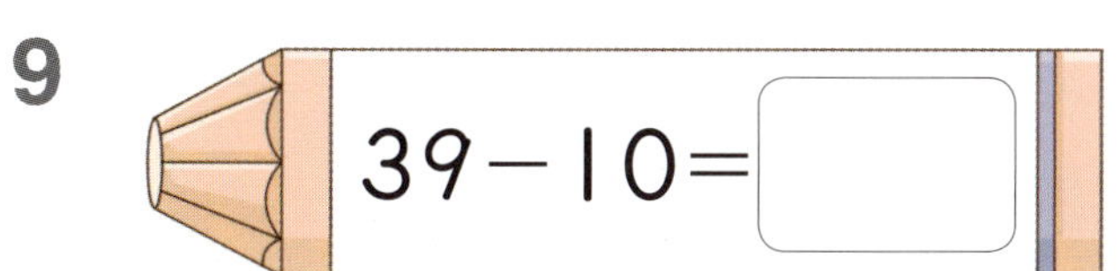

$39 - 10 =$

10

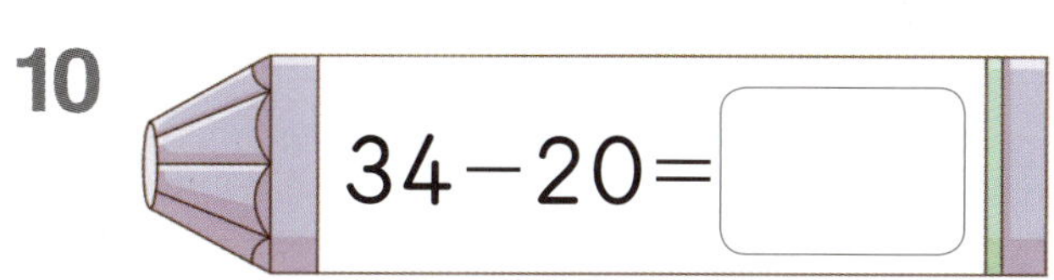

$34 - 20 =$

05 (두 자리 수)−(두 자리 수) 세로셈

🌵 24−12의 세로셈 계산하기

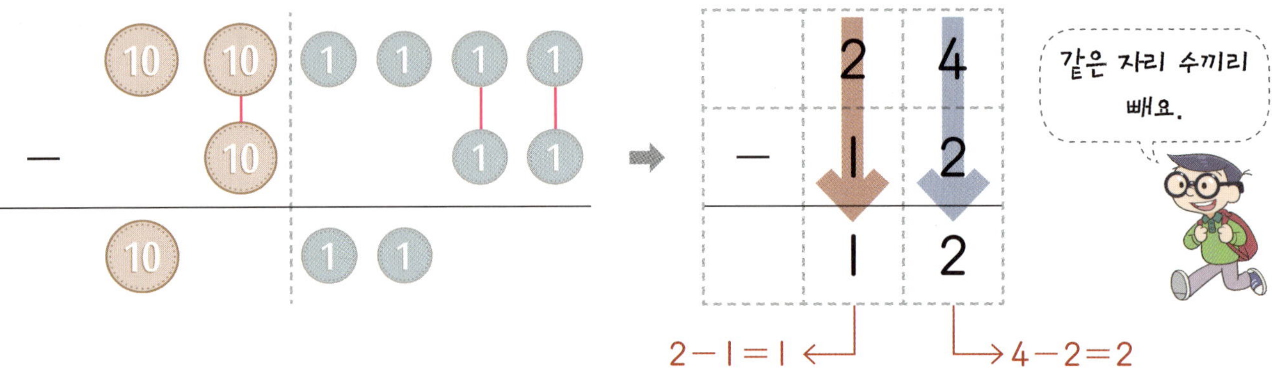

● 뺄셈을 하세요.

1
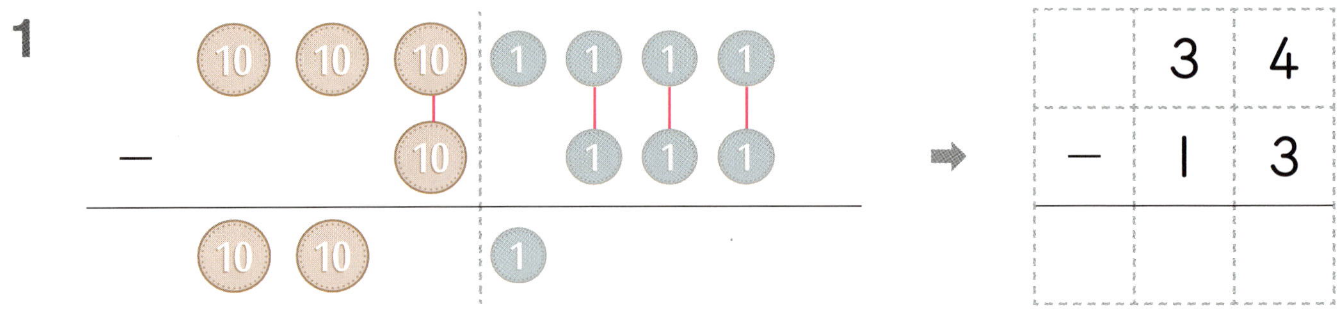

2
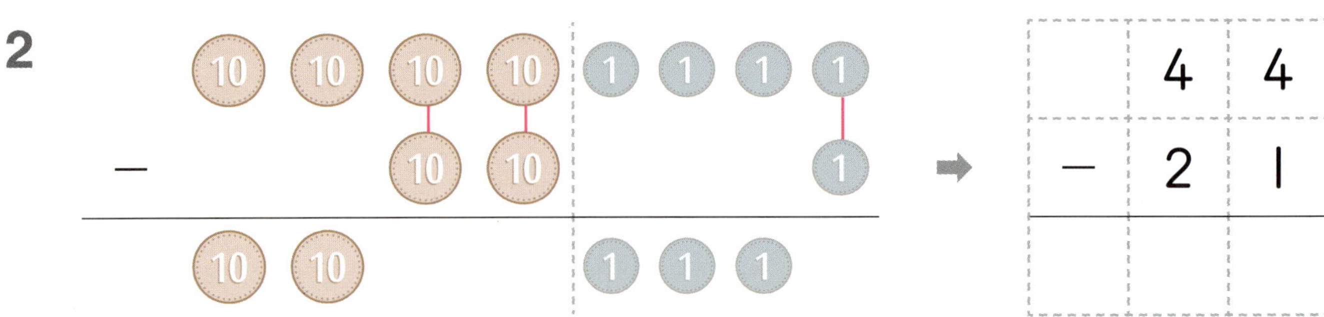

3
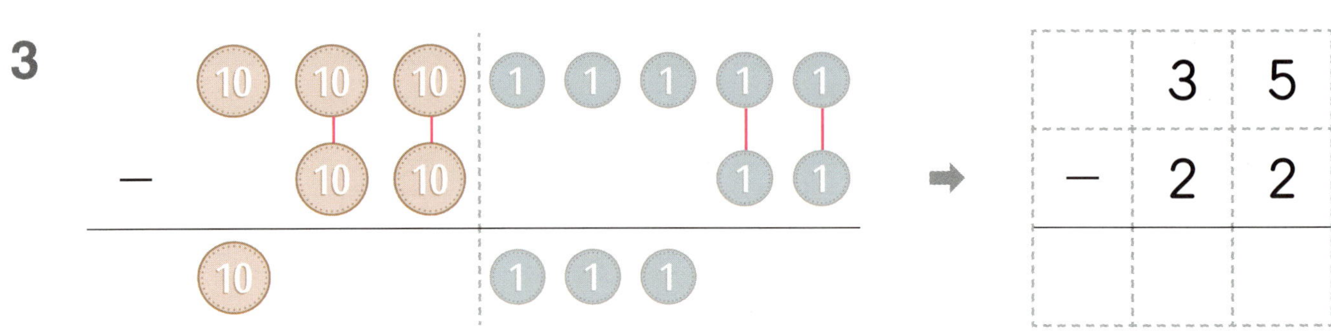

● **뺄셈을 하세요.**

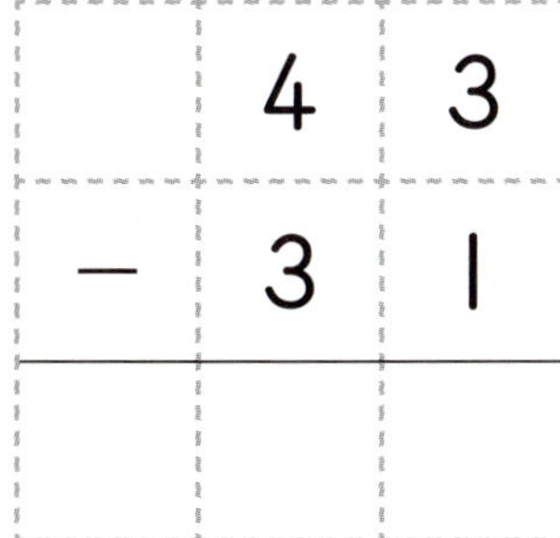

4
```
    4 3
  - 3 1
  ─────
```

5
```
    2 8
  - 1 4
  ─────
```

6
```
    3 6
  - 2 2
  ─────
```

7
```
    3 7
  - 1 5
  ─────
```

8
```
    4 9
  - 1 3
  ─────
```

9
```
    4 5
  - 2 3
  ─────
```

10
```
    4 8
  - 1 6
  ─────
```

11
```
    2 4
  - 1 3
  ─────
```

12
```
    4 4
  - 1 2
  ─────
```

· (두 자리 수)−(두 자리 수)의 세로셈은 십의 자리 수끼리, 일의 자리 수끼리 자리를 맞추어 쓰고 같은 자리 수끼리 빼서 계산을 할 수 있습니다.

06 (두 자리 수)−(두 자리 수) 가로셈

🌵 24−12의 가로셈 계산하기

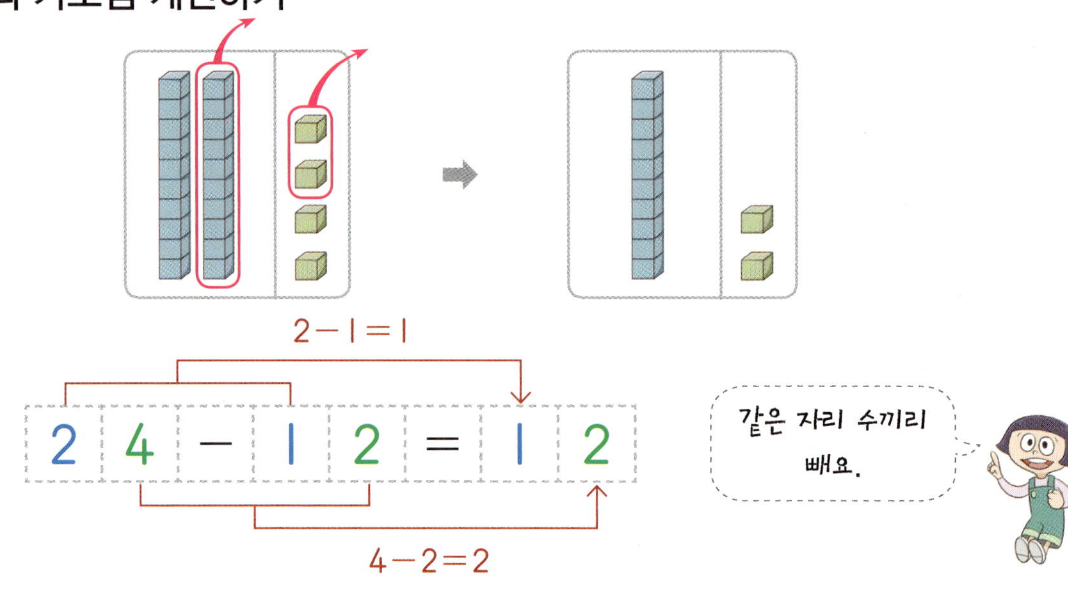

● 뺄셈을 하세요.

1

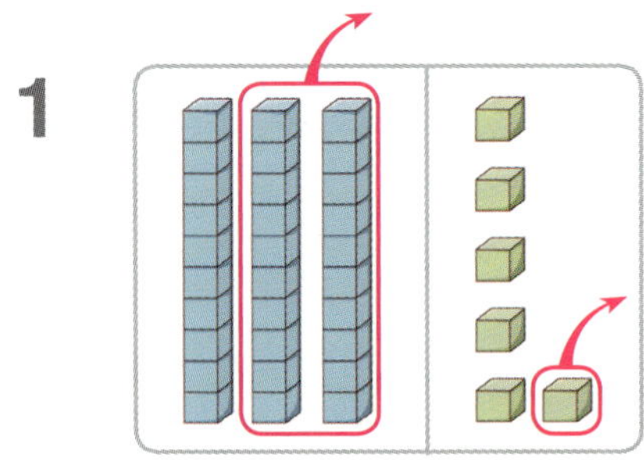

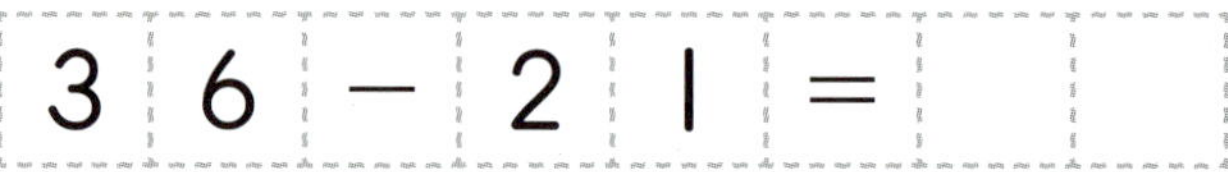

2

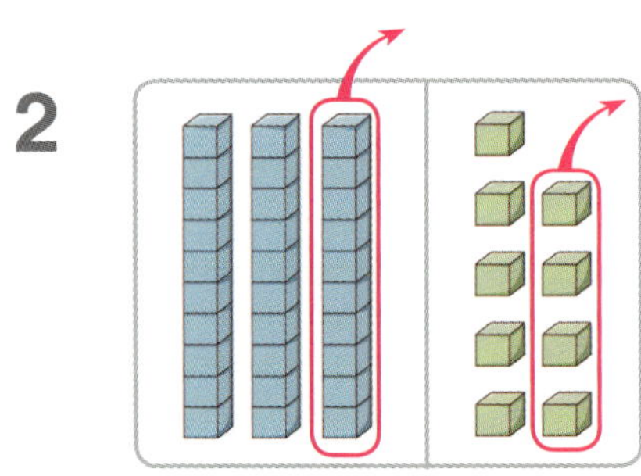

3 9 − 1 4 =

3

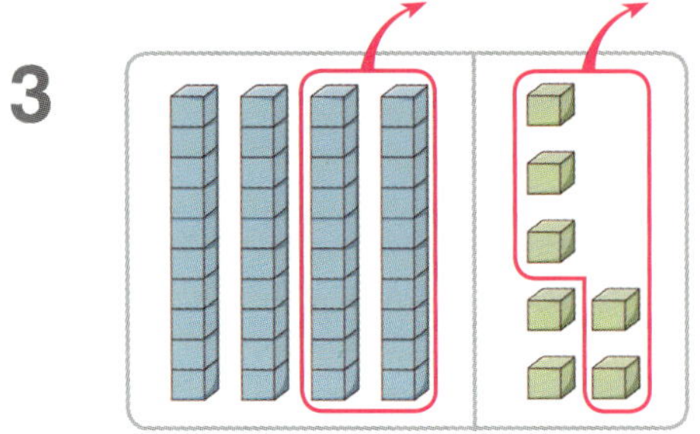

4 7 − 2 5 =

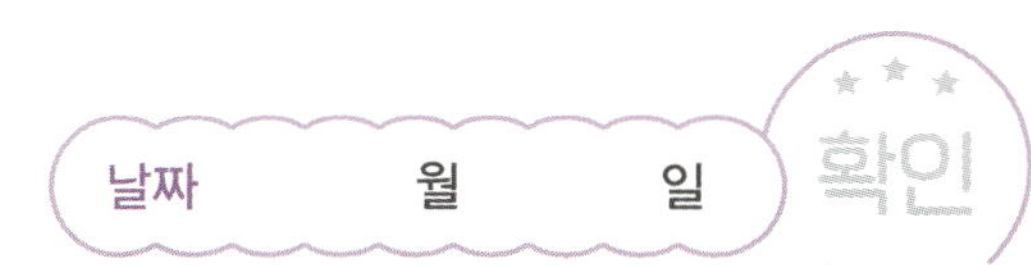

● **뺄셈을 하세요.**

4

5

6

7

8

9

10

11

• (두 자리 수)−(두 자리 수)의 가로셈은 십의 자리 수끼리, 일의 자리 수끼리 각각 빼서 계산을 할 수 있습니다.

(두 자리 수)−(두 자리 수)의 계산

🌵 35−23의 가로셈과 세로셈

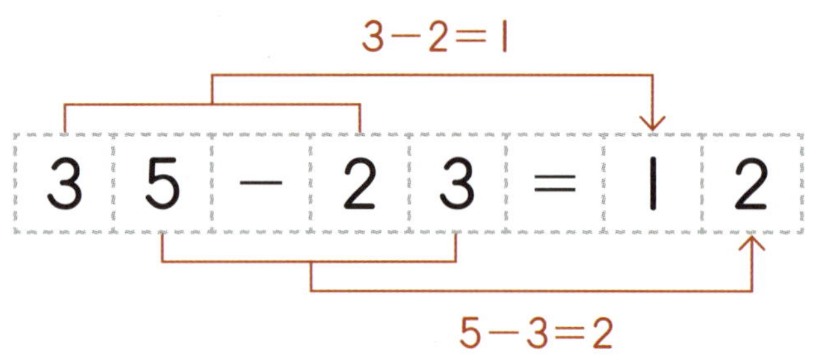

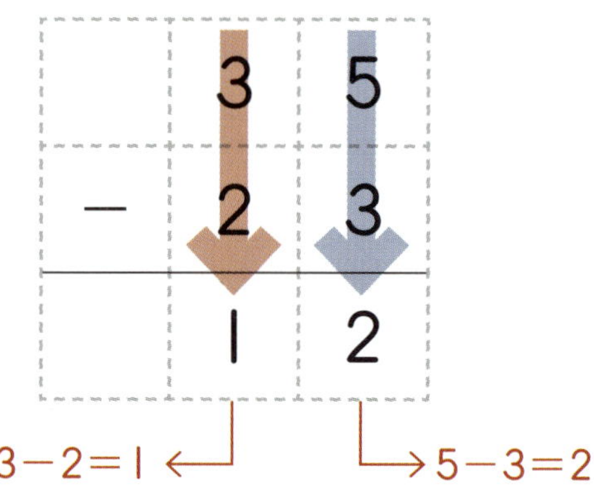

● 뺄셈을 하세요.

1 50−40= ⬚

2 32−10= ⬚

3 48−23= ⬚

4 39−17= ⬚

5
```
   44
 − 30
 ─────
  ⬚
```

6
```
   46
 − 15
 ─────
  ⬚
```

7
```
   37
 − 23
 ─────
  ⬚
```

· (두 자리 수)−(두 자리 수)의 계산은 십의 자리는 십의 자리 수끼리, 일의 자리는 일의 자리 수끼리 빼서 계산을 할 수 있습니다.

● 빨셈을 하세요.

8

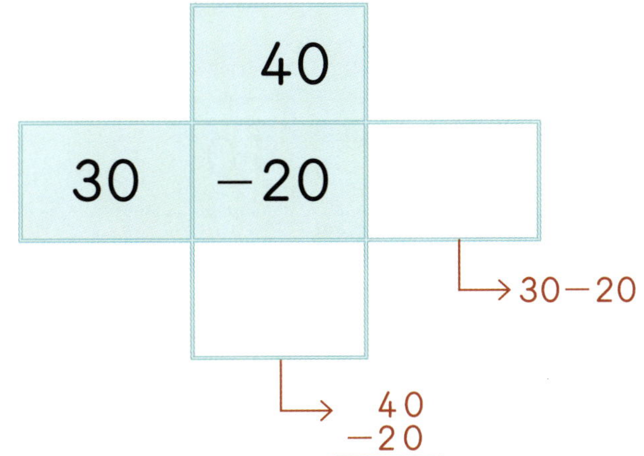

9

10

11

12

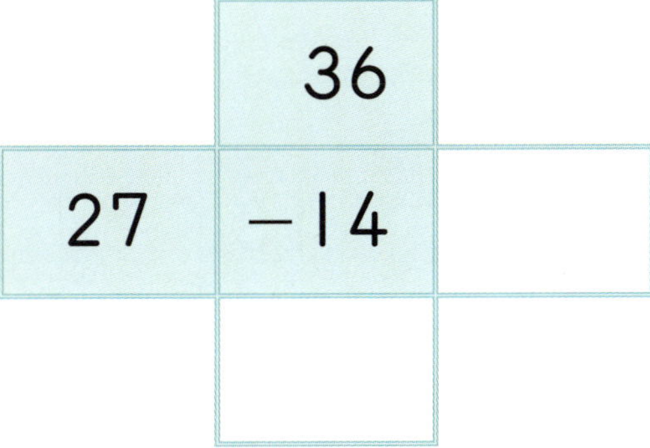

13

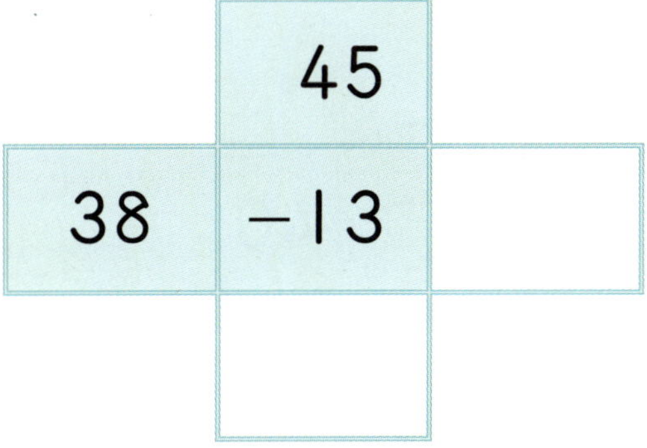

· 위에서 아래쪽으로, 왼쪽에서 오른쪽으로 빨셈을 할 수 있습니다.

● 뺄셈을 하세요.

1 $40 - 20 =$

2 $30 - 10 =$

3 $42 - 30 =$

4 $38 - 20 =$

5 $27 - 15 =$

6 $45 - 12 =$

7 $50 - 40 =$

8 $34 - 13 =$

9 $45 - 10 =$

10 $48 - 25 =$

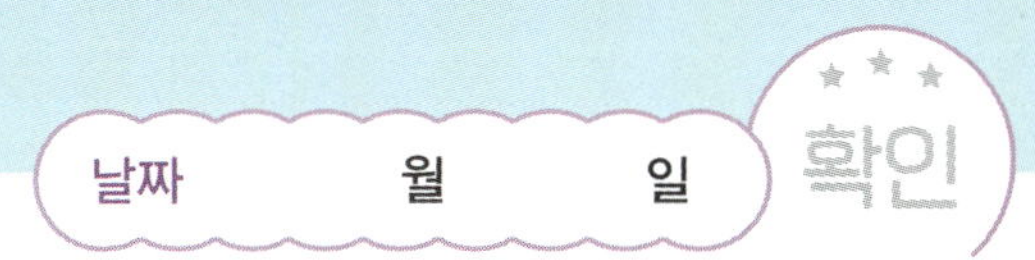

11 30 − 20 =

12 40 − 10 =

13 34 − 20 =

14 29 − 10 =

15 43 − 22 =

16 48 − 16 =

17 35 − 15 =

18 36 − 21 =

19 47 − 17 =

20 49 − 13 =

● 뺄셈을 하세요.

1
$$\begin{array}{r} 27 \\ -16 \\ \hline \end{array}$$

2
$$\begin{array}{r} 34 \\ -12 \\ \hline \end{array}$$

3
$$\begin{array}{r} 46 \\ -20 \\ \hline \end{array}$$

4
$$\begin{array}{r} 25 \\ -12 \\ \hline \end{array}$$

5
$$\begin{array}{r} 29 \\ -14 \\ \hline \end{array}$$

6
$$\begin{array}{r} 38 \\ -11 \\ \hline \end{array}$$

7
$$\begin{array}{r} 36 \\ -20 \\ \hline \end{array}$$

8
$$\begin{array}{r} 44 \\ -10 \\ \hline \end{array}$$

9
$$\begin{array}{r} 27 \\ -13 \\ \hline \end{array}$$

10
$$\begin{array}{r} 47 \\ -24 \\ \hline \end{array}$$

11
$$\begin{array}{r} 38 \\ -26 \\ \hline \end{array}$$

12
$$\begin{array}{r} 49 \\ -35 \\ \hline \end{array}$$

13 50−20=

14 40−30=

15 44−20=

16 26−12=

17 50−10=

18 48−31=

19 45−11=

20 39−26=

21 32−10=

22 47−21=

3 10을 이용하는 덧셈

사과 7개와 3개를 더하면 몇 개가 될까?
사과 7개와 5개를 더하면 몇 개지?
난 사과가 7개 있어.
이번에 공부할 내용을 보고 알아봐요.

❖ 10이 되는 더하기

$1+9=10$ $6+4=10$
$2+8=10$ $7+3=10$
$3+7=10$ $8+2=10$
$4+6=10$ $9+1=10$
$5+5=10$

❖ 7+5 계산하기

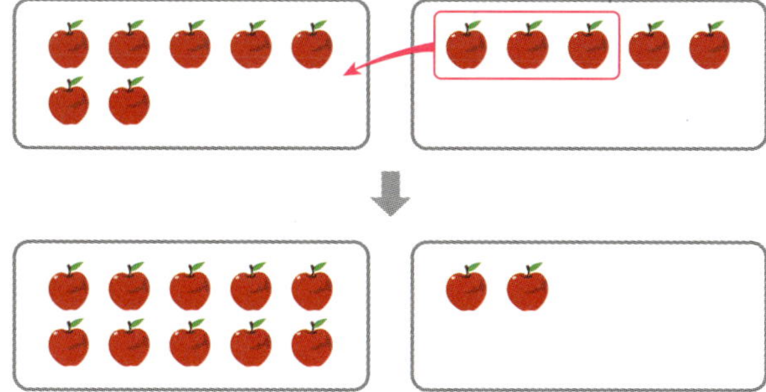

$7+5=12$

01 10 모으기 (1)

🌵 그림을 보고 두 수를 모으기

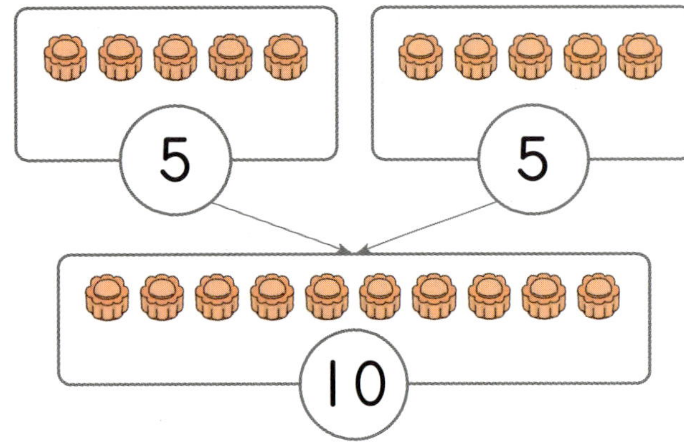

● 그림을 보고 두 수를 모으기 해 보세요.

1

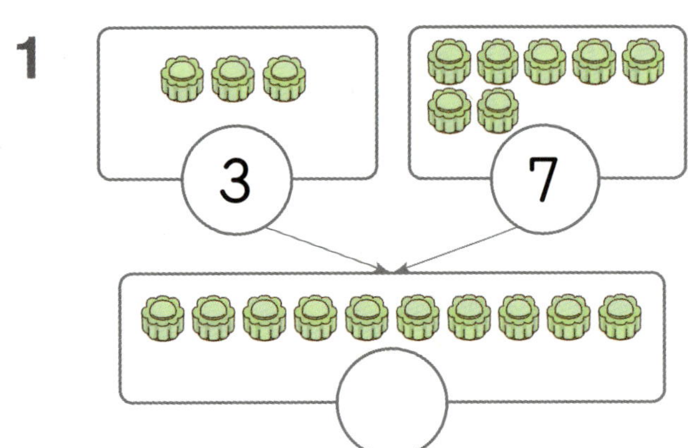

2

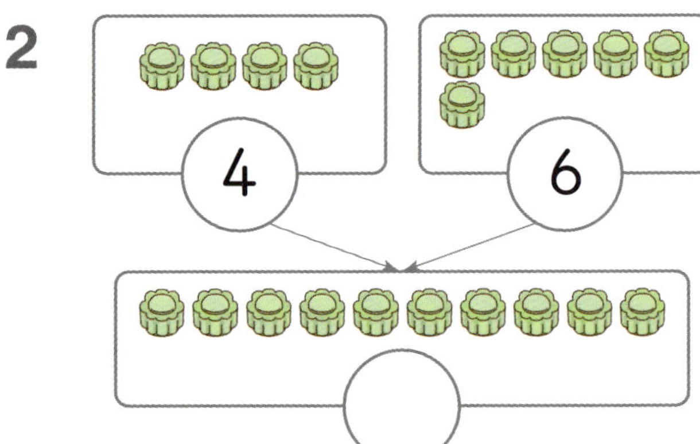

3

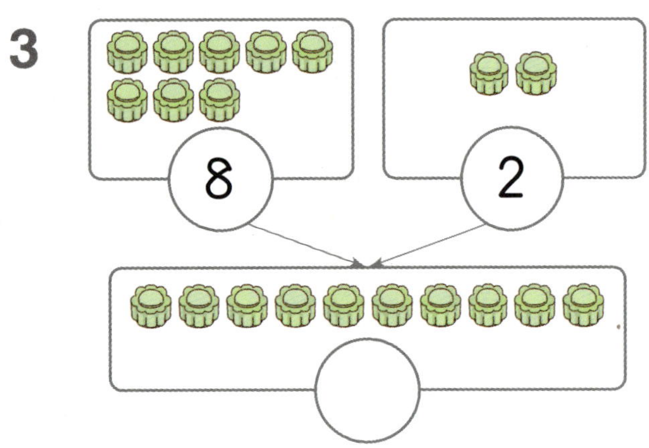

4

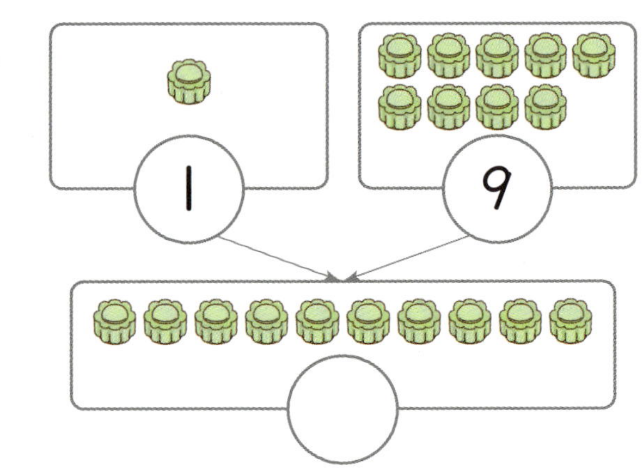

● 모아서 10이 되도록 빈칸에 ○를 그리고 알맞은 수를 써 보세요.

5
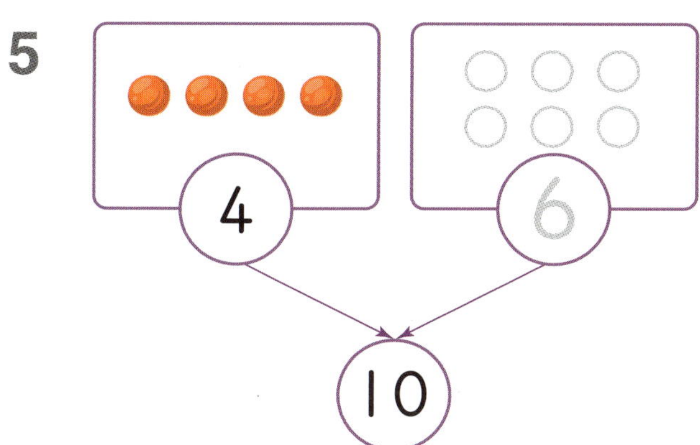

6
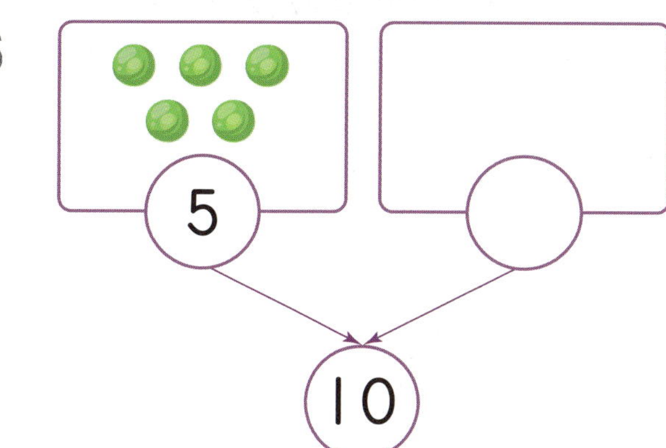

7
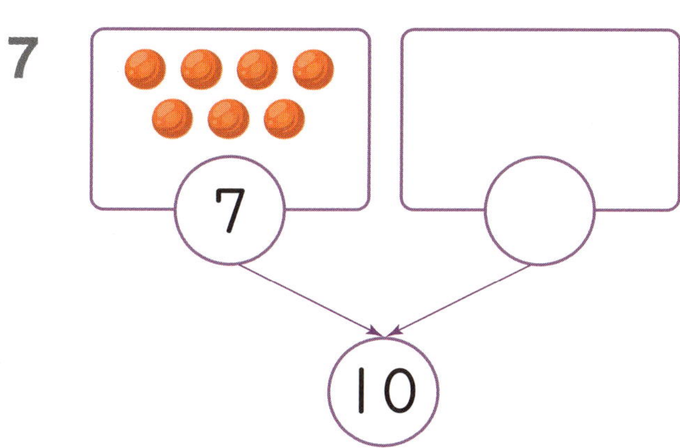

8
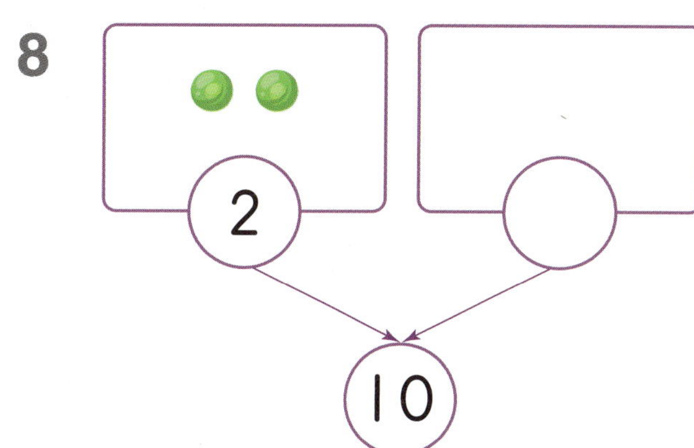

9
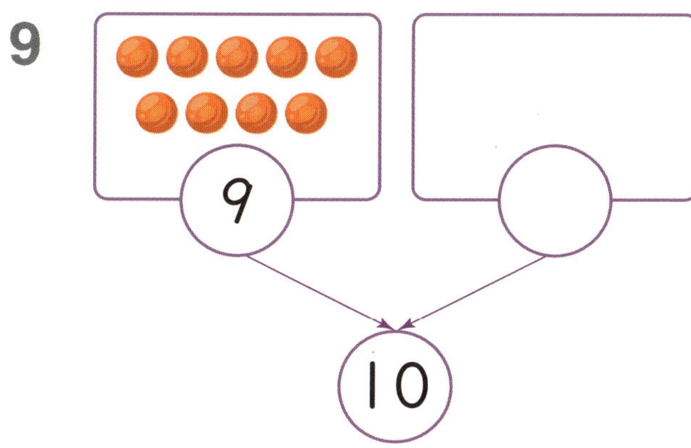

10
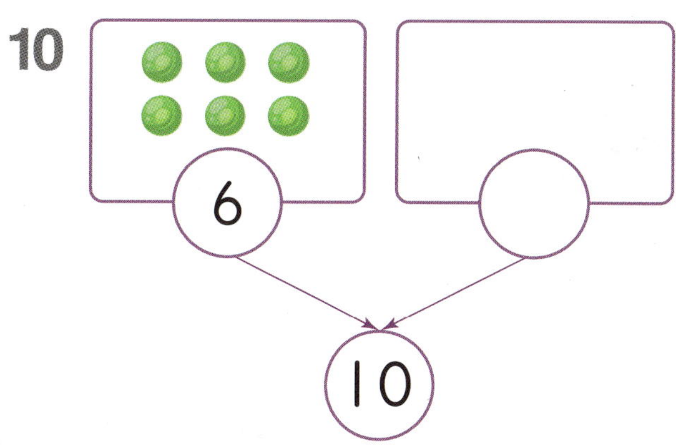

꿀Tip
• 두 수를 모아 10이 되도록 왼쪽 수 다음 수부터 10까지 세면서 빈칸에 ○를 그립니다.

02 10 모으기 (2)

🌵 10이 되게 모으기

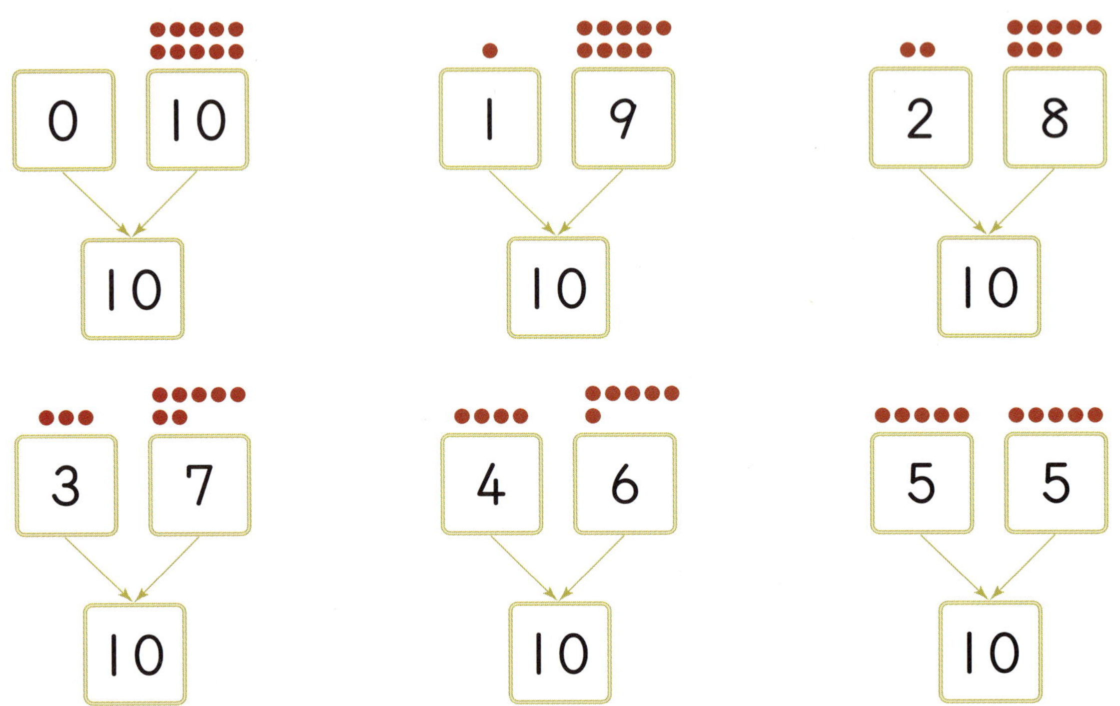

● 두 수를 모으기 해 보세요.

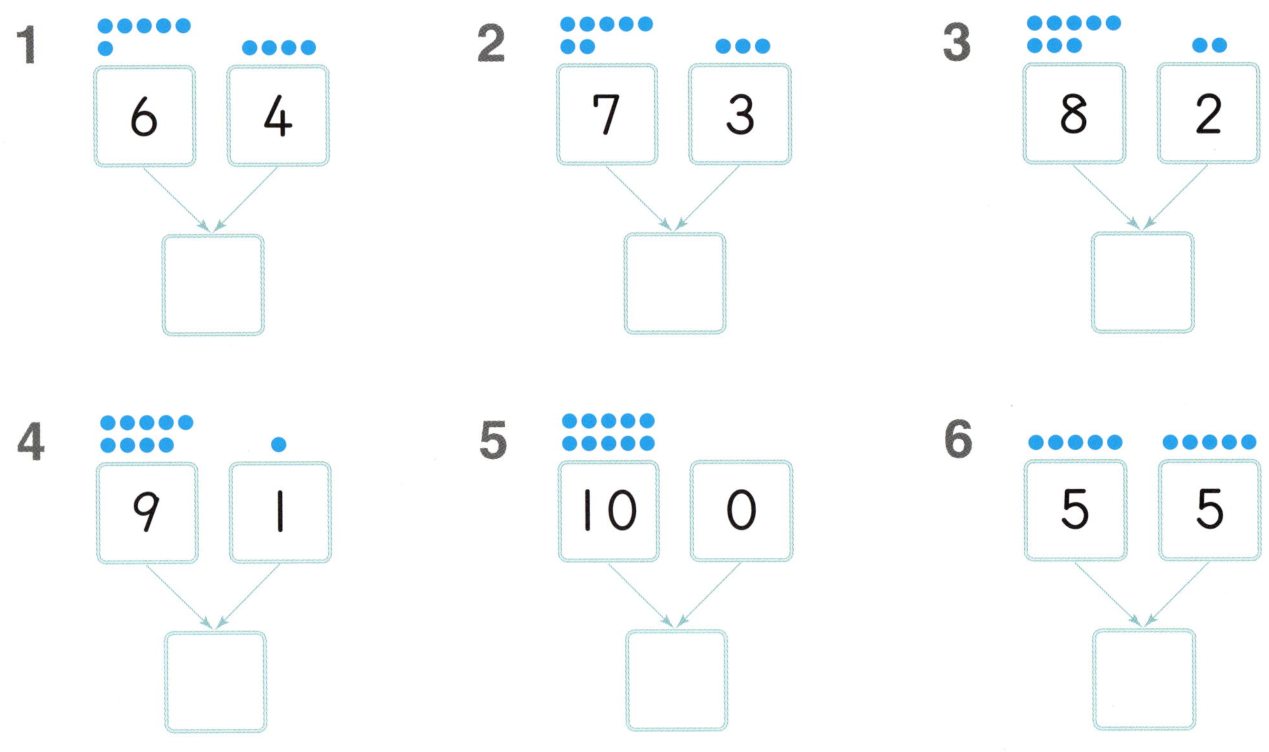

● 모아서 10이 되도록 빈칸에 알맞은 수를 써 보세요.

7 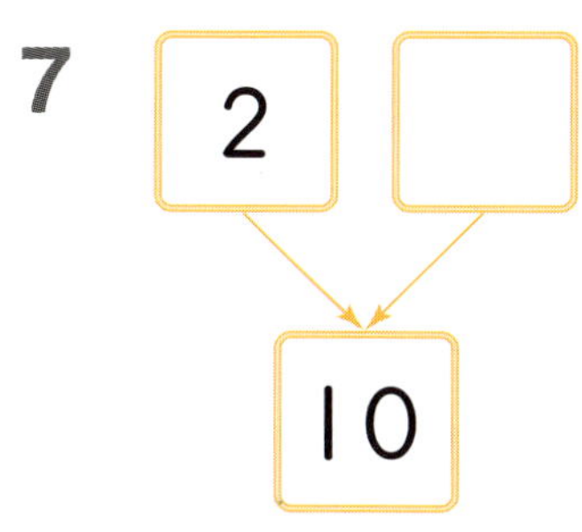

8 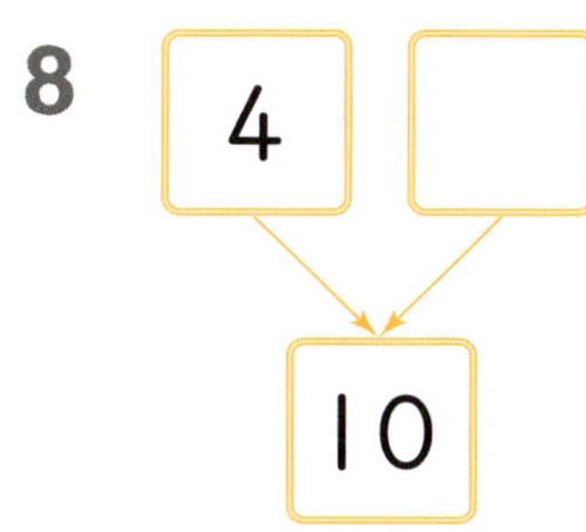

9 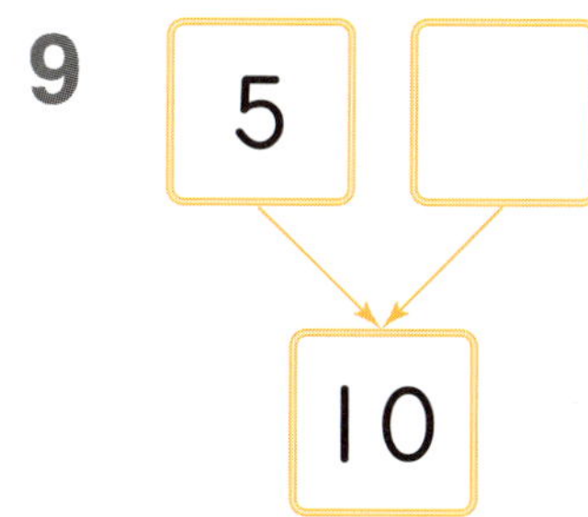

10 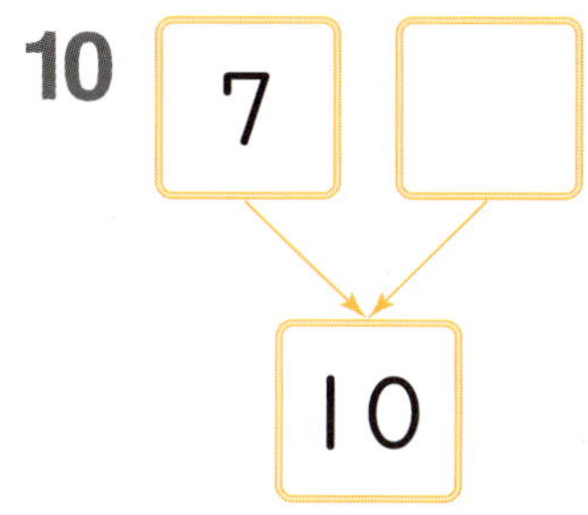

11 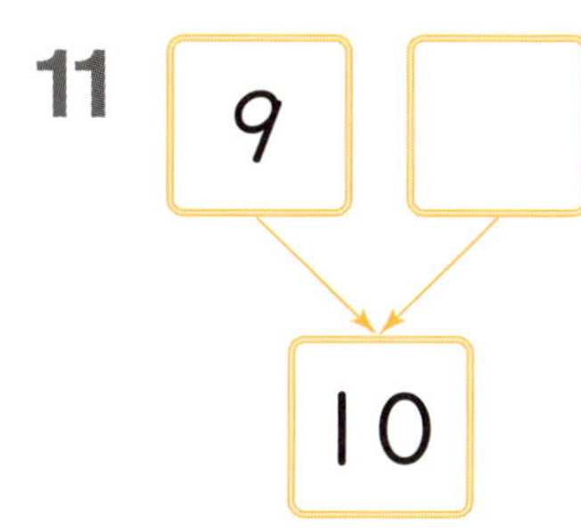

12 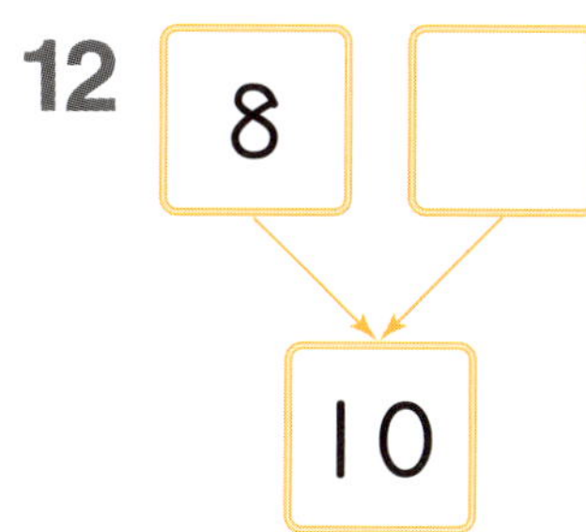

13 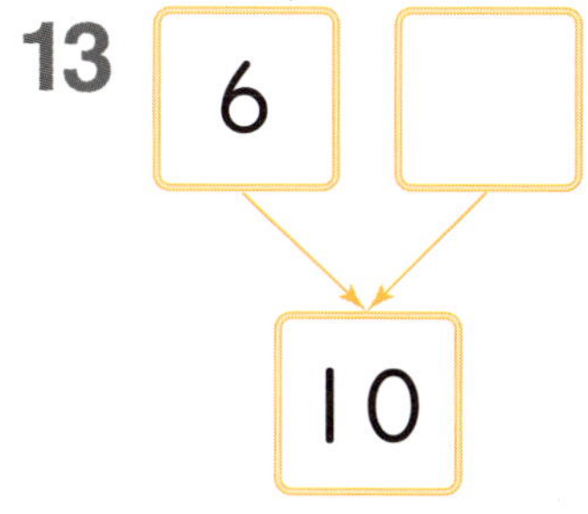

14 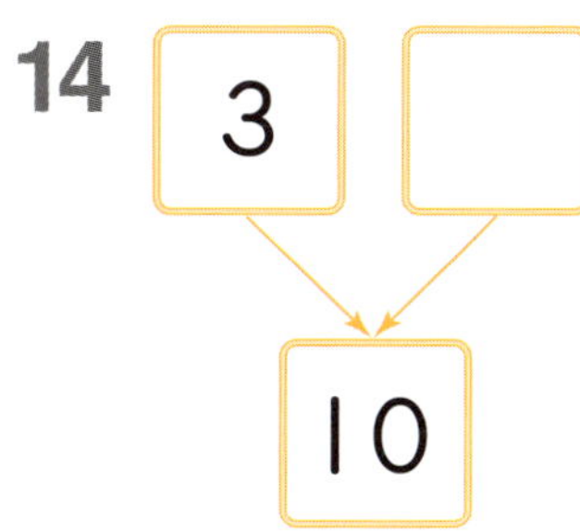

15 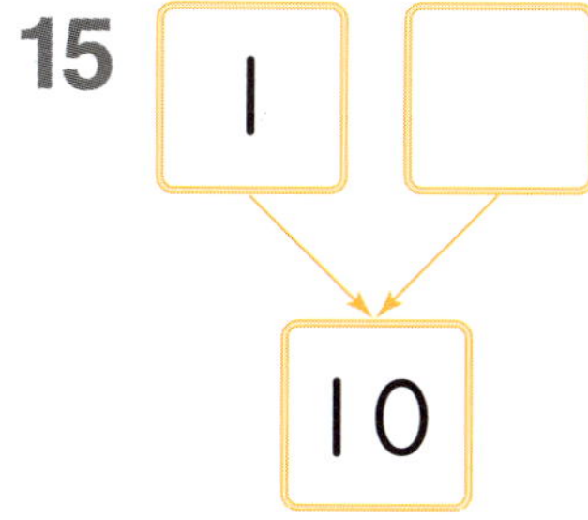

- 주어진 수와 모아서 10이 되는 수를 찾습니다.
- 모아서 10이 되는 수를 외워 두면 받아올림이 있는 덧셈을 할 때 편리합니다.

03 ㅣ0이 되는 더하기

🌵 ㅣ0이 되는 덧셈식 알아보기

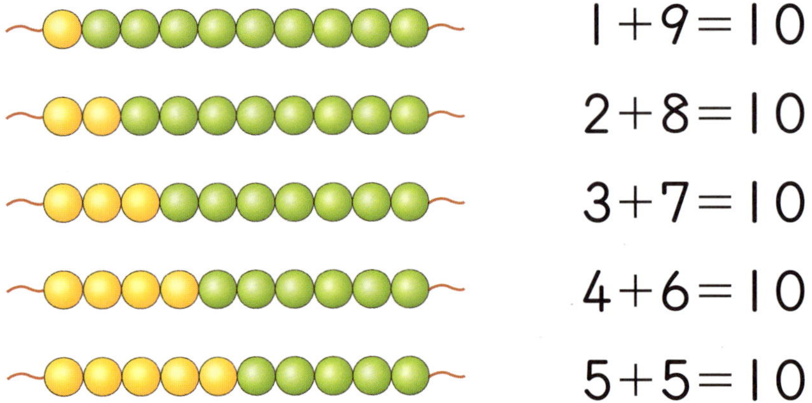

$1+9=10$

$2+8=10$

$3+7=10$

$4+6=10$

$5+5=10$

● 그림을 보고 ㅣ0이 되는 덧셈식을 완성해 보세요.

1 $6+\boxed{}=10$

2 $7+\boxed{}=10$

3 $\boxed{}+\boxed{}=10$

4 $\boxed{}+\boxed{}=10$

- 그림을 보고 더해서 ㅣ0이 되도록 그림에 알맞은 덧셈식을 완성할 수 있습니다.
- (분홍색 구슬의 수)+(파란색 구슬의 수)=ㅣ0에 맞추어 덧셈식을 완성할 수 있습니다.

● 그림을 보고 10이 되는 덧셈식을 완성해 보세요.

5 

$$8 + 2 = 10$$

6 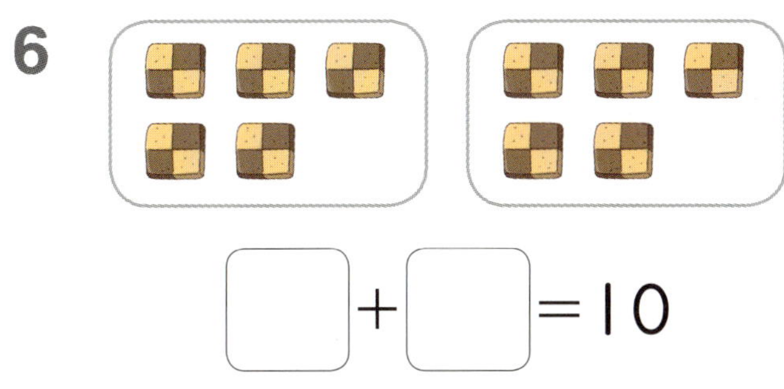

$$\boxed{} + \boxed{} = 10$$

7 

$$\boxed{} + \boxed{} = 10$$

8 

$$\boxed{} + \boxed{} = 10$$

9 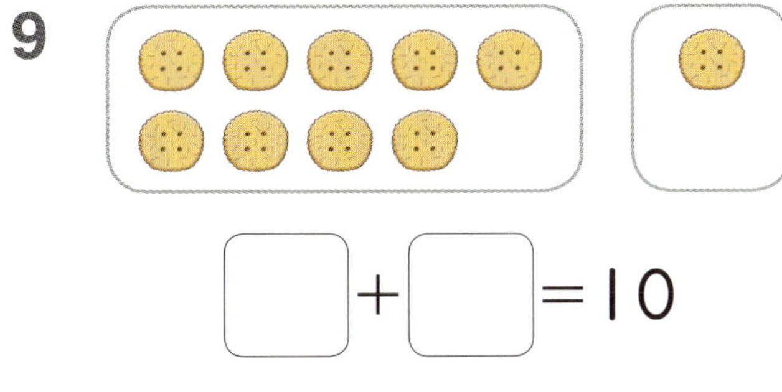

$$\boxed{} + \boxed{} = 10$$

10 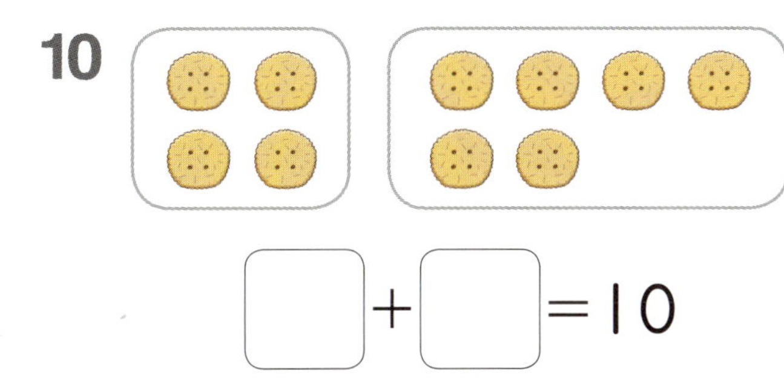

$$\boxed{} + \boxed{} = 10$$

11 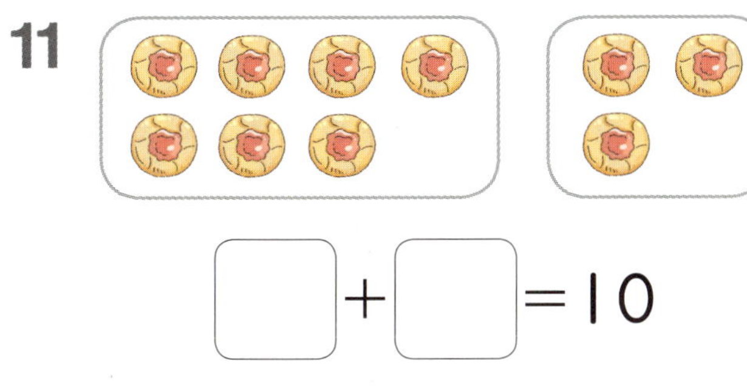

$$\boxed{} + \boxed{} = 10$$

12 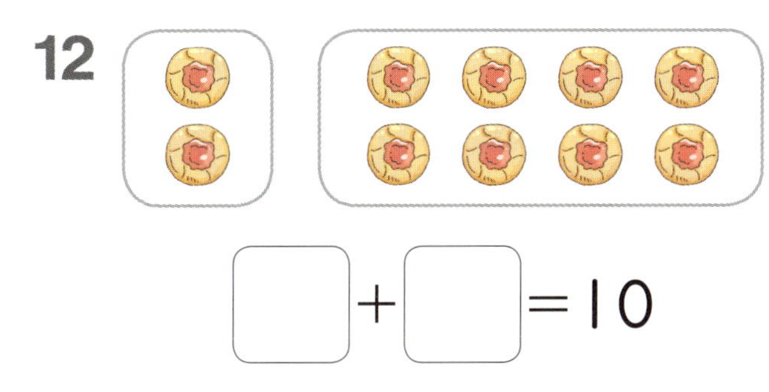

$$\boxed{} + \boxed{} = 10$$

04 더해서 10이 되는 수 (1)

$6 + \boxed{4} = 10$

● 구슬이 10개가 되도록 빈 주머니에 ○를 그리고 ☐ 안에 알맞은 수를 써 보세요.

1

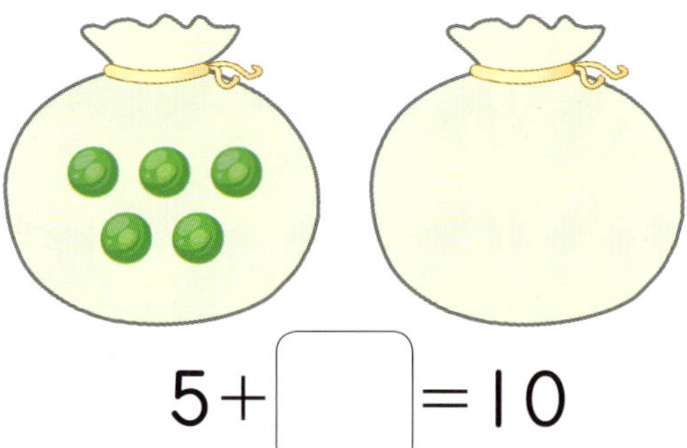

$5 + \boxed{} = 10$

2

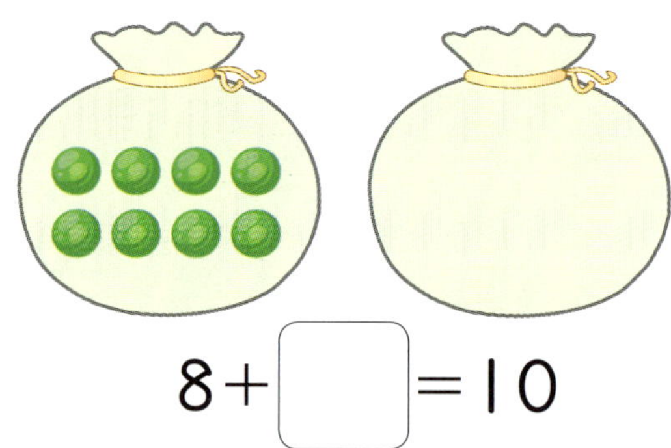

$8 + \boxed{} = 10$

3

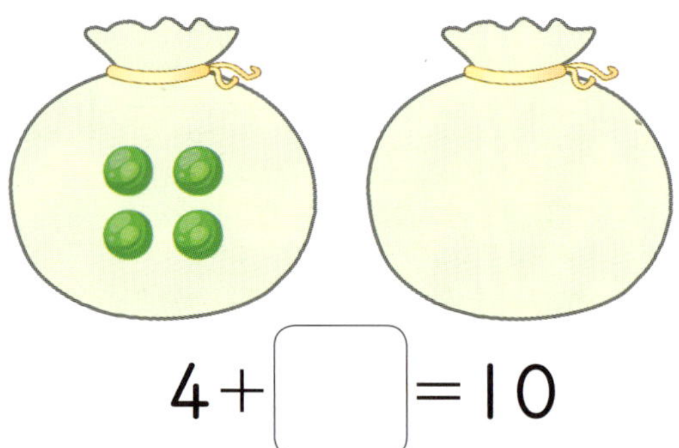

$4 + \boxed{} = 10$

4

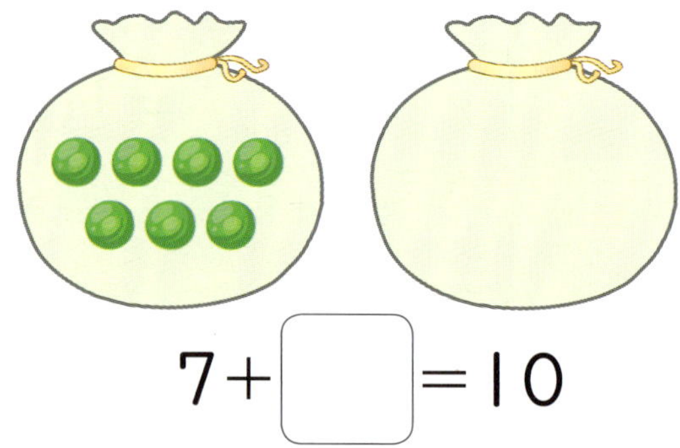

$7 + \boxed{} = 10$

• 구슬이 10개가 되도록 빈 주머니에 ○를 그리고 주어진 수와 더해서 10이 되는 수를 찾습니다.

● 구슬이 10개가 되도록 이어서 색칠하고 ⬜ 안에 알맞은 수를 써 보세요.

5 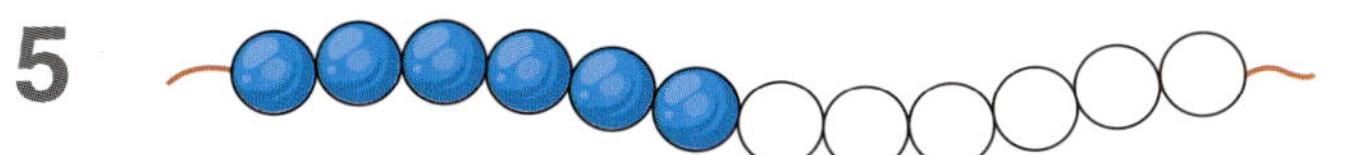

$$6 + \boxed{} = 10$$

6 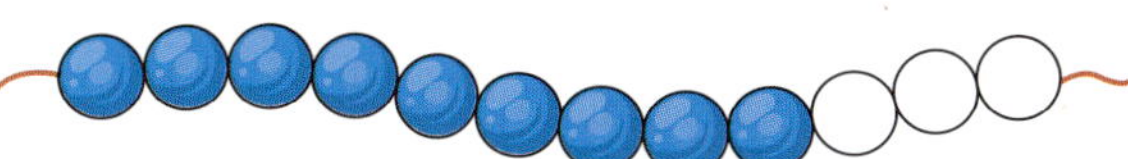

$$9 + \boxed{} = 10$$

7

$$2 + \boxed{} = 10$$

8 

$$4 + \boxed{} = 10$$

9

$$3 + \boxed{} = 10$$

10 

$$5 + \boxed{} = 10$$

11

$$1 + \boxed{} = 10$$

12 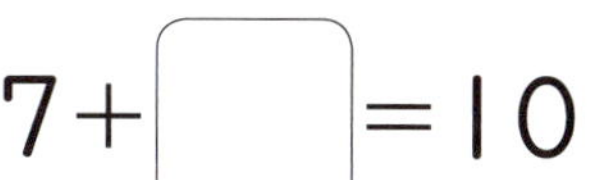

$$7 + \boxed{} = 10$$

꿀 Tip · 주어진 구슬의 수 다음 수부터 10까지 세면서 구슬이 10개가 되도록 색칠하고 더해서 10이 되는 수를 찾습니다.

🌵 더해서 I0이 되는 수 알아보기

$$1+9=10 \qquad 6+4=10$$
$$2+8=10 \qquad 7+3=10$$
$$3+7=10 \qquad 8+2=10$$
$$4+6=10 \qquad 9+1=10$$
$$5+5=10$$

● 더해서 I0이 되도록 ☐ 안에 알맞은 수를 써 보세요.

1 $7+\boxed{}=10$ **2** $4+\boxed{}=10$

3 $5+\boxed{}=10$ **4** $9+\boxed{}=10$

5 $2+\boxed{}=10$ **6** $6+\boxed{}=10$

꿀Tip · 더해서 I0이 되는 두 수를 학습한 뒤 외워 두면 받아올림이 있는 덧셈을 할 때 편리합니다.

● 더해서 10이 되는 두 수를 선으로 이어 보세요.

7

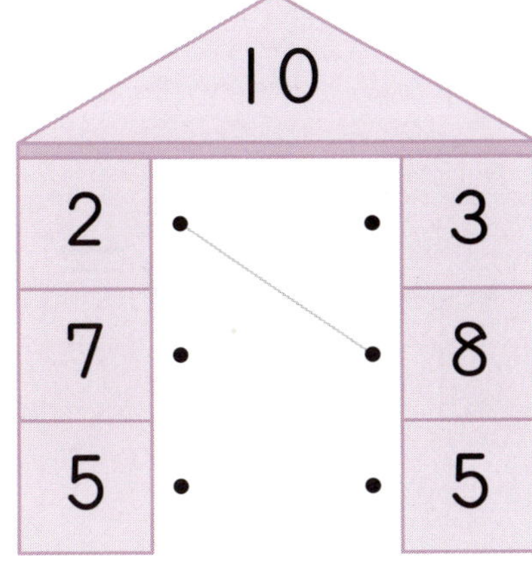

8

9

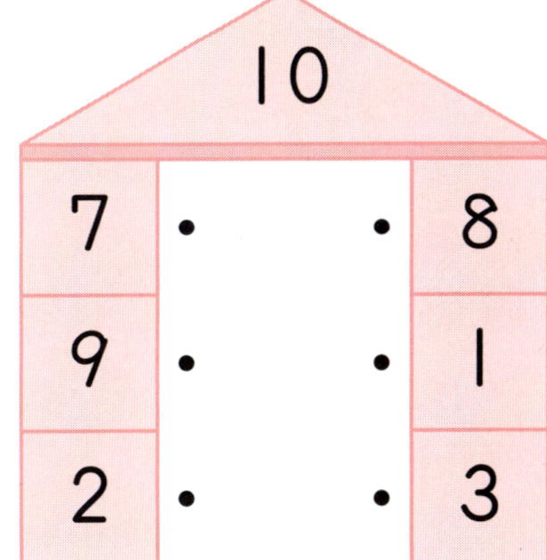

10

11

12

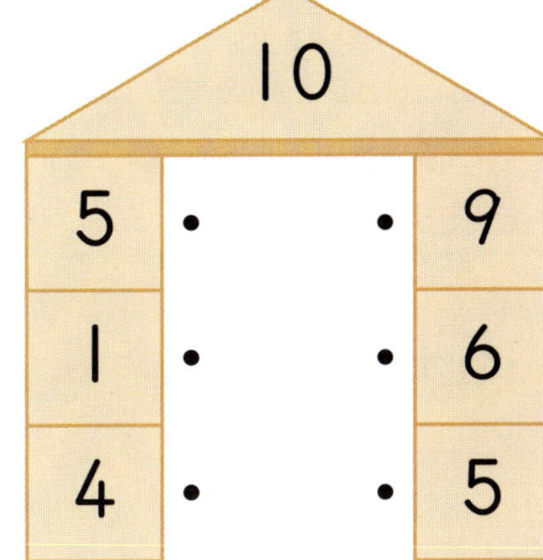

06 Ｉ0을 만들어 덧셈하기 (1)

🌵 그림을 이용하여 7＋5 계산하기

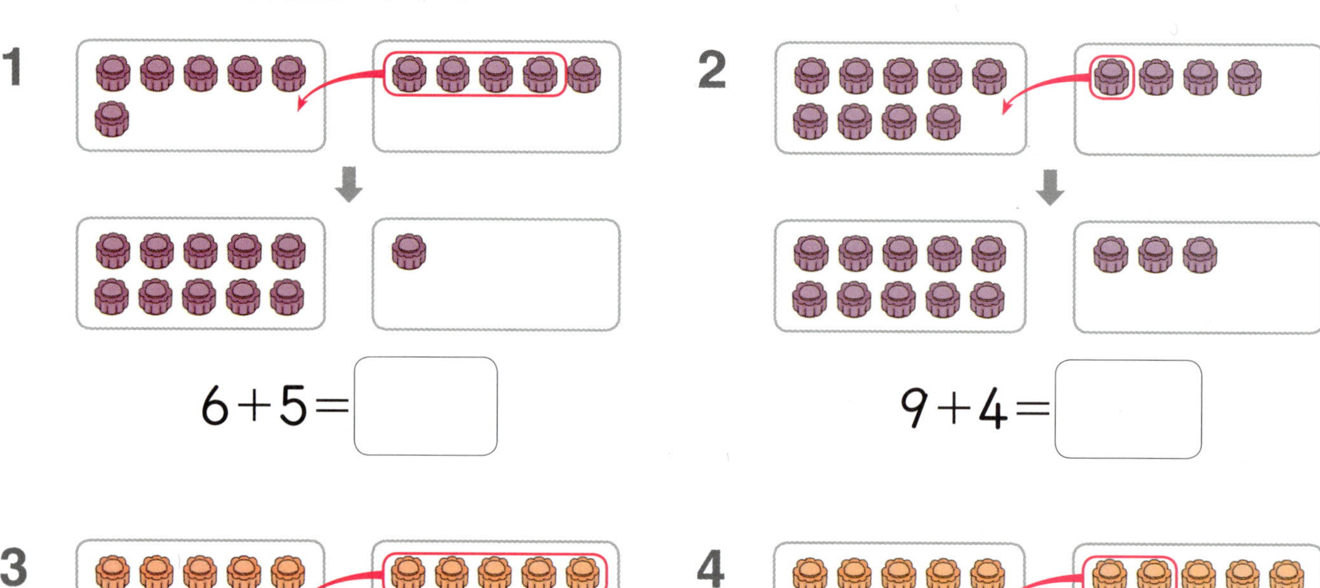

$$7+5=12$$

● 그림을 보고 덧셈을 하세요.

1

$$6+5=\boxed{}$$

2

$$9+4=\boxed{}$$

3

$$5+7=\boxed{}$$

4

$$8+6=\boxed{}$$

 · 앞의 수를 Ｉ0을 만들어 더하는 그림을 보고 계산을 합니다.

● **그림을 보고 덧셈을 하세요.**

5 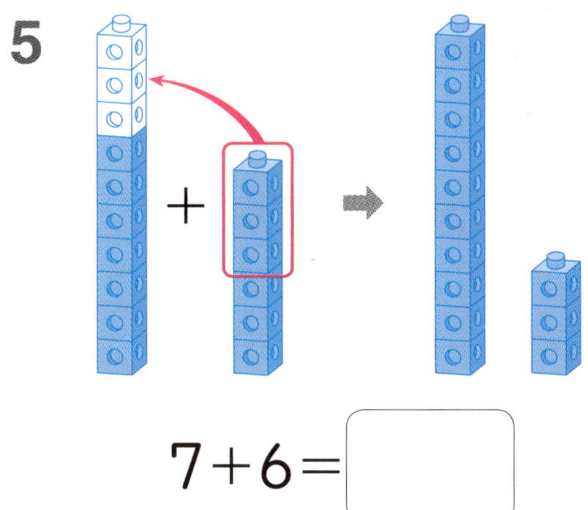

$7+6=$ ☐

6 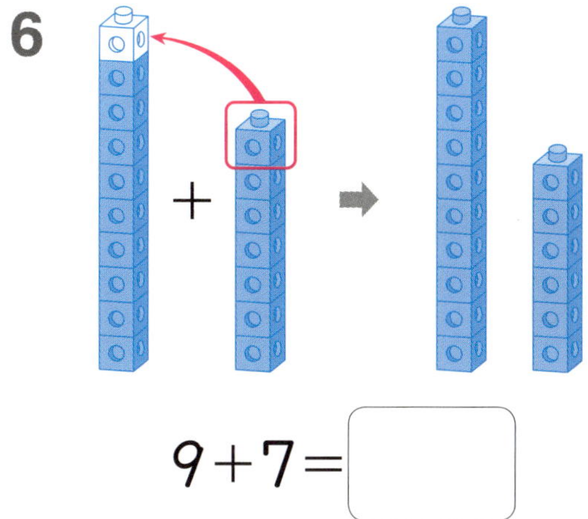

$9+7=$ ☐

7 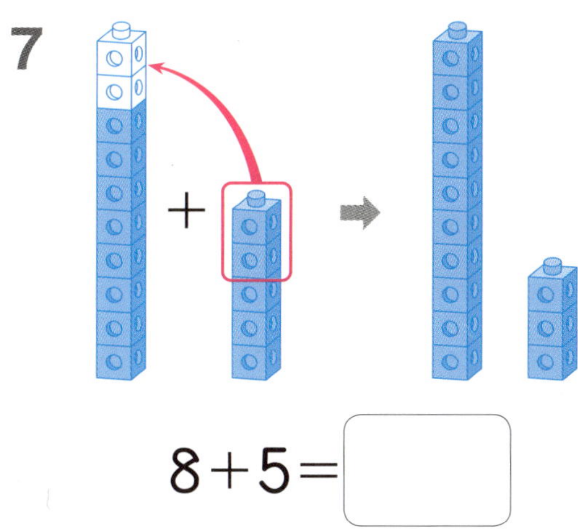

$8+5=$ ☐

8 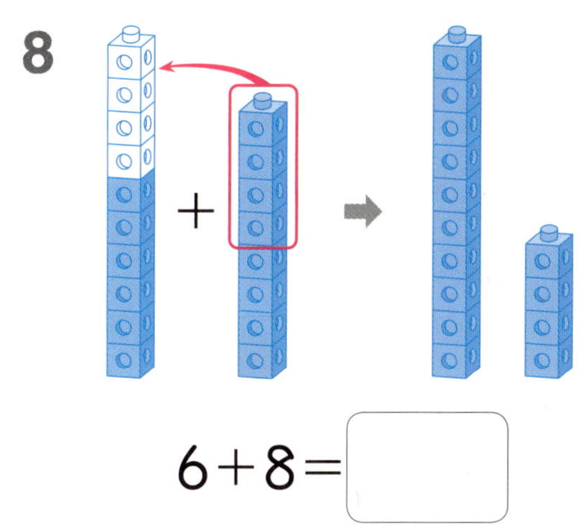

$6+8=$ ☐

9 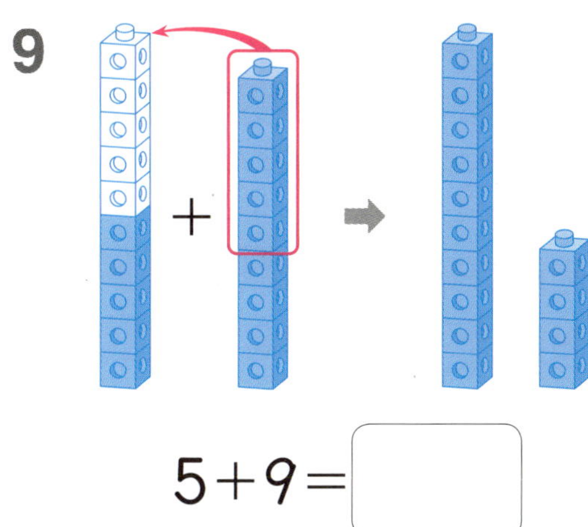

$5+9=$ ☐

10 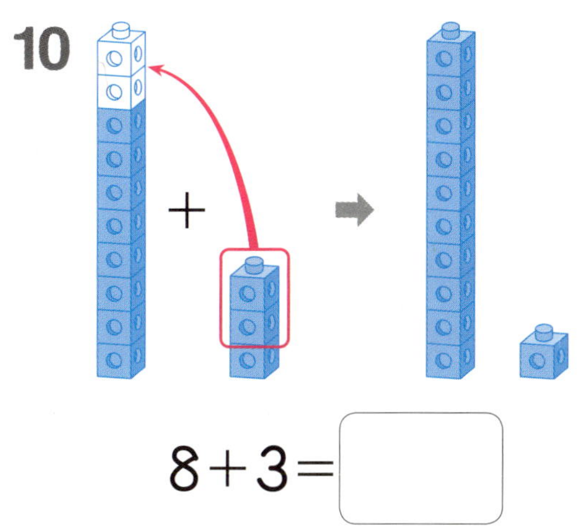

$8+3=$ ☐

10을 만들어 덧셈하기 (2)

🌵 그림을 그려서 7+5 계산하기

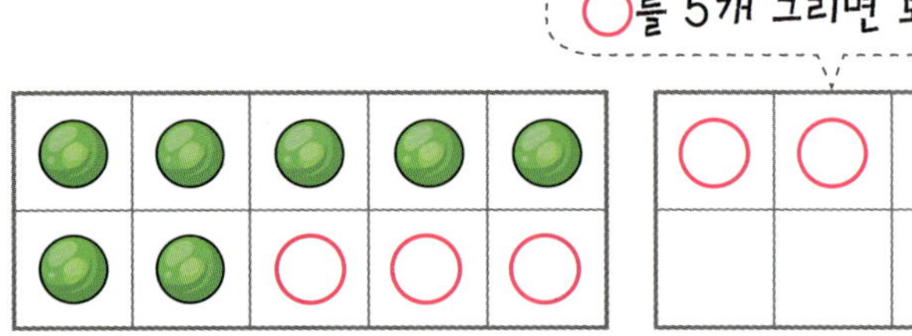

$$7+5=12$$

● 초록색 수만큼 왼쪽 빈칸부터 ○를 그리고 덧셈을 하세요.

1

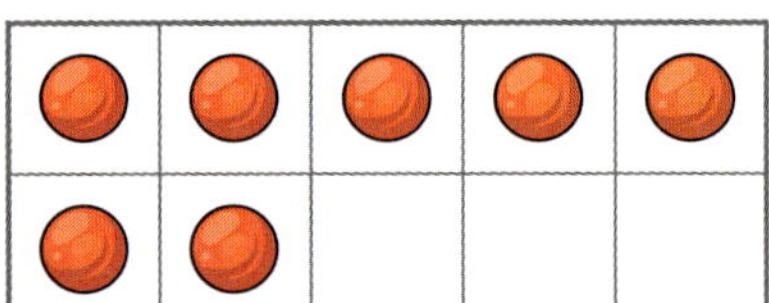 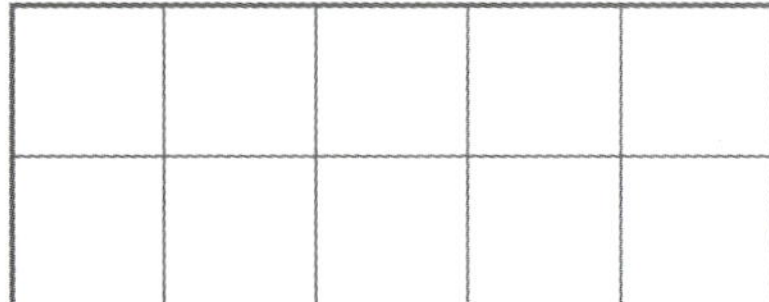

$8+4=\boxed{}$

2

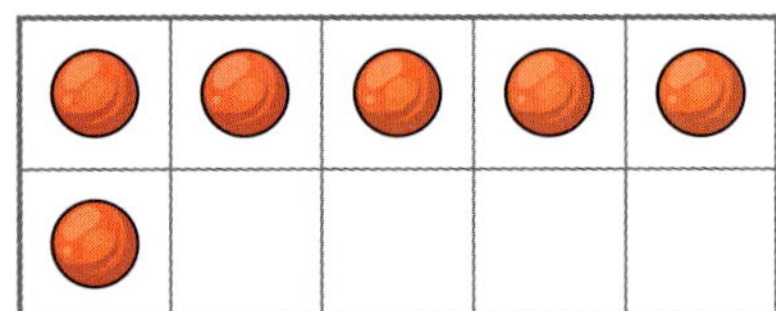 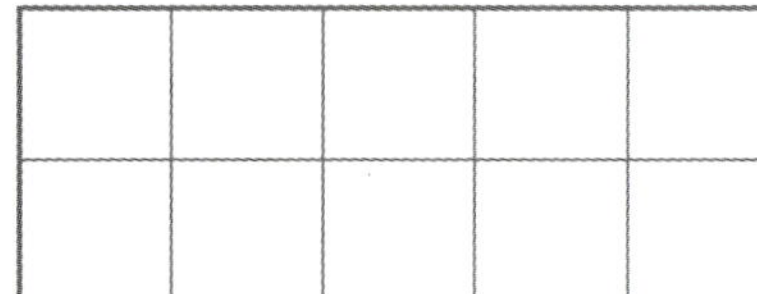

$7+9=\boxed{}$

3

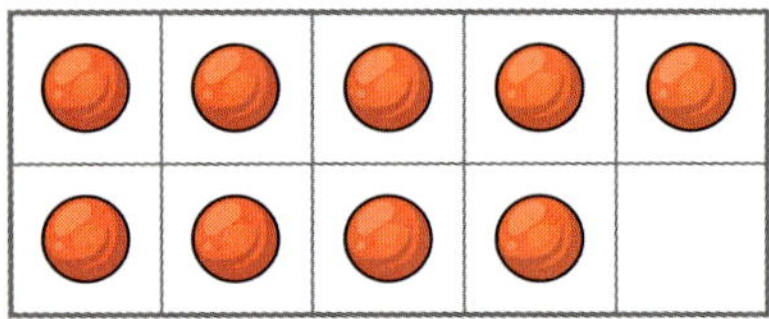 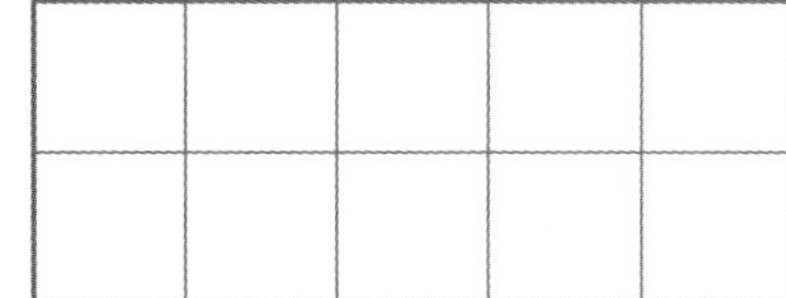

$6+5=\boxed{}$

4

$9+8=\boxed{}$

- 왼쪽 빈칸에 이어서 더하는 수(초록색 수)만큼 ○를 그리고 10을 만들어 덧셈을 할 수 있습니다.
- 왼쪽 빈칸을 먼저 채워 10을 만들어 더하는 방법입니다.

● 초록색 수만큼 위의 연결 모형에 이어서 색칠하고 덧셈을 하세요.

5 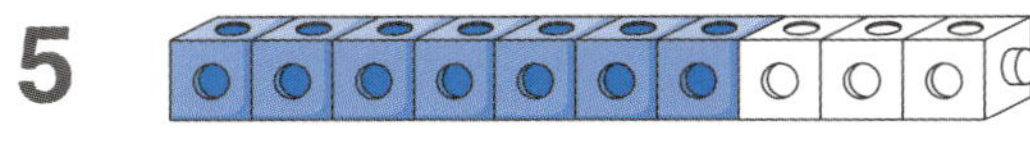

$$7 + 6 = \boxed{}$$

6 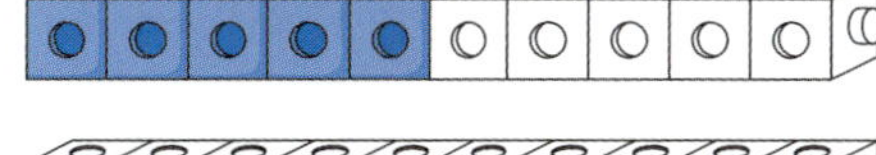

$$5 + 8 = \boxed{}$$

7 

$$9 + 4 = \boxed{}$$

8 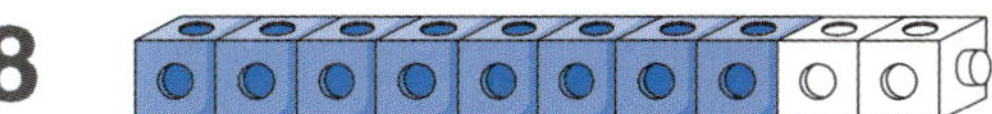

$$8 + 7 = \boxed{}$$

9 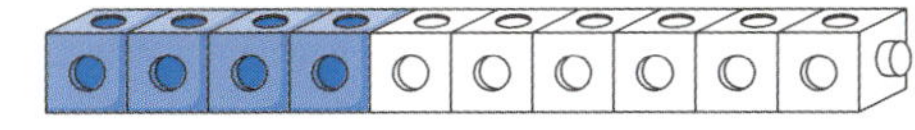

$$4 + 7 = \boxed{}$$

10 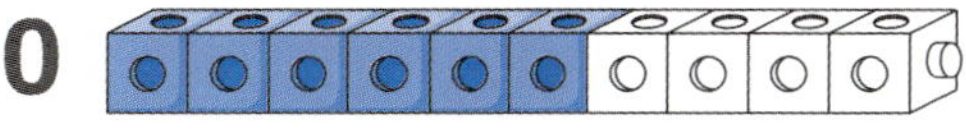

$$6 + 9 = \boxed{}$$

11 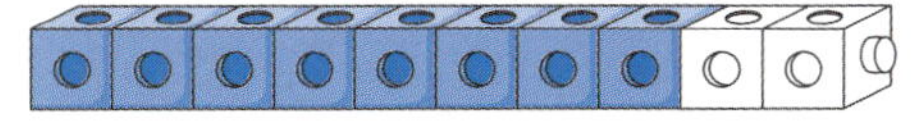

$$8 + 8 = \boxed{}$$

12 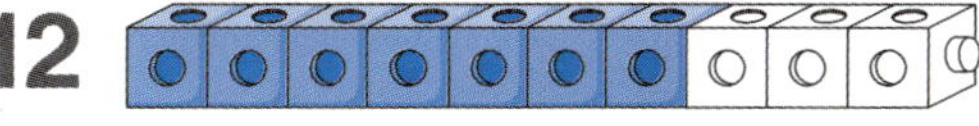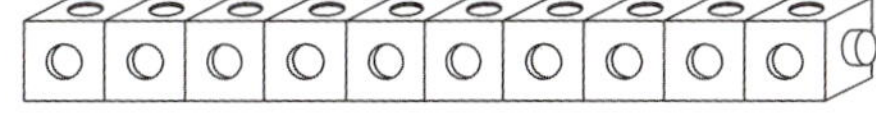

$$7 + 7 = \boxed{}$$

10을 만들어 덧셈하기 (3)

🌵 수를 가르기 하여 7+5 계산하기

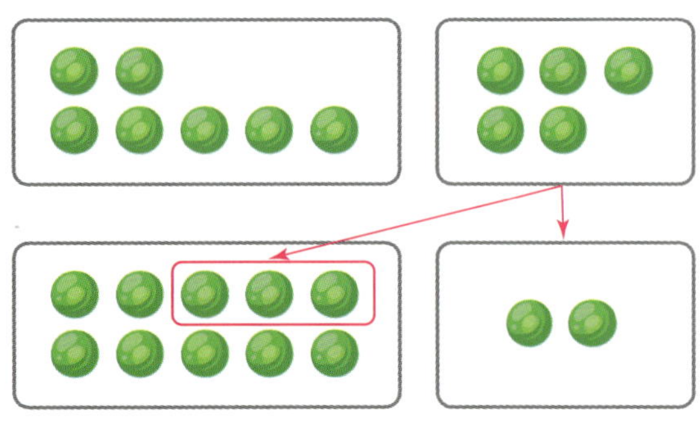

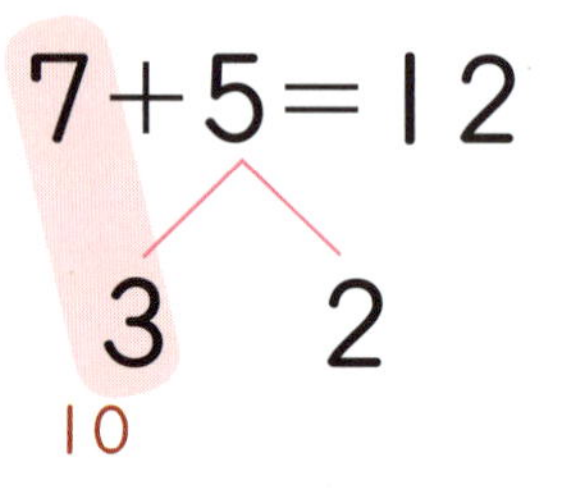

$$7+5=12$$

● 파란색 수를 가르기 하여 덧셈을 하세요.

1

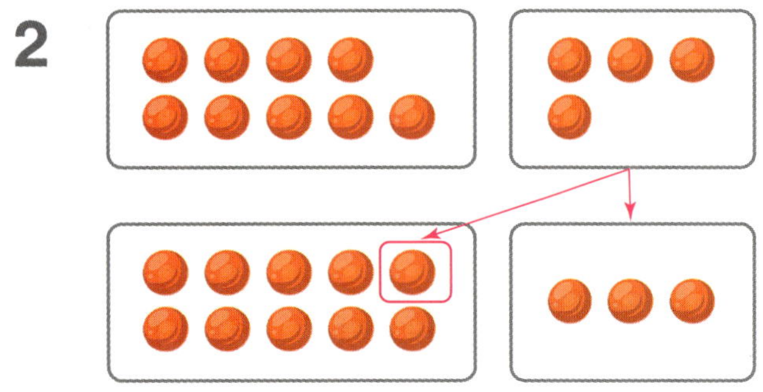

$$8+6=\boxed{}$$

2

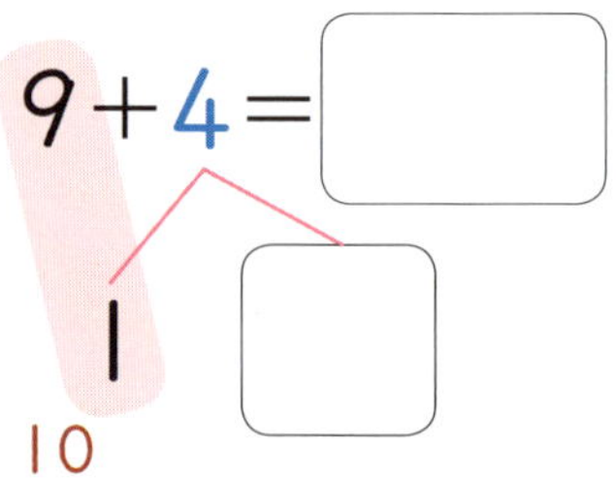

$$9+4=\boxed{}$$

• 더하는 수(파란색 수)를 가르기 하여 앞의 수를 10을 만들어 덧셈을 할 수 있습니다.

● **파란색 수를 가르기 하여 덧셈을 하세요.**

3 $7 + 9 = \boxed{}$
3
10

4 $6 + 5 = \boxed{}$
4
10

5 $8 + 8 = \boxed{}$
2
10

6 $9 + 7 = \boxed{}$
1
10

7 $7 + 4 = \boxed{}$
3
10

8 $8 + 5 = \boxed{}$
2
10

9 $5 + 9 = \boxed{}$
5
10

10 $6 + 6 = \boxed{}$
4
10

09 무엇을 배웠나요?

● 두 수를 모으기 해 보세요.

1 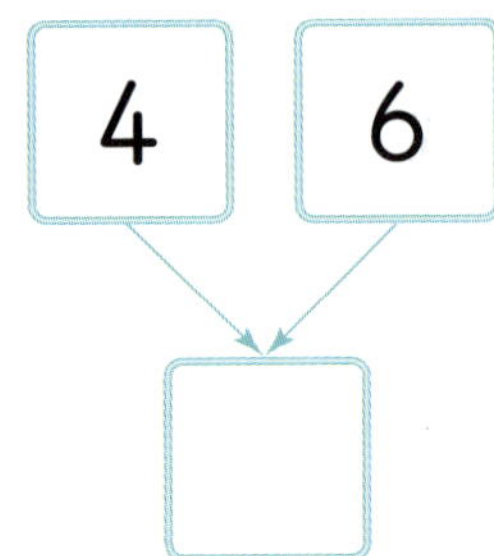

2 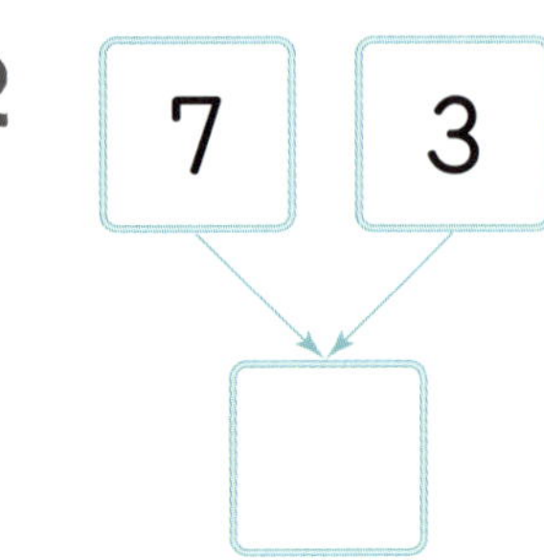

3 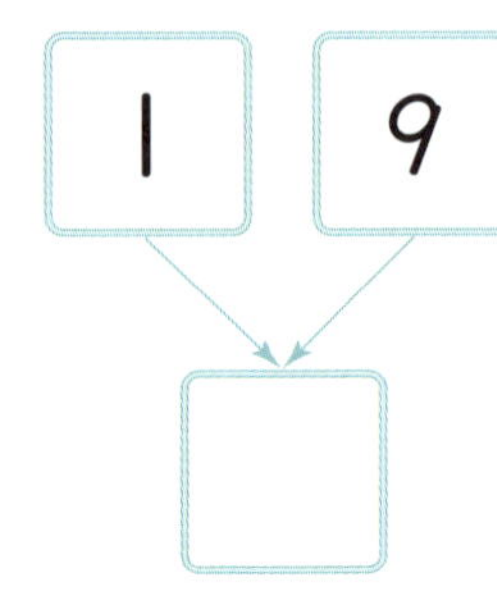

4 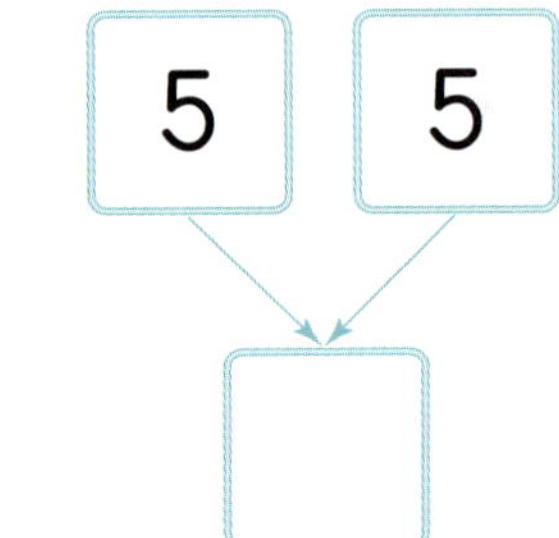

5 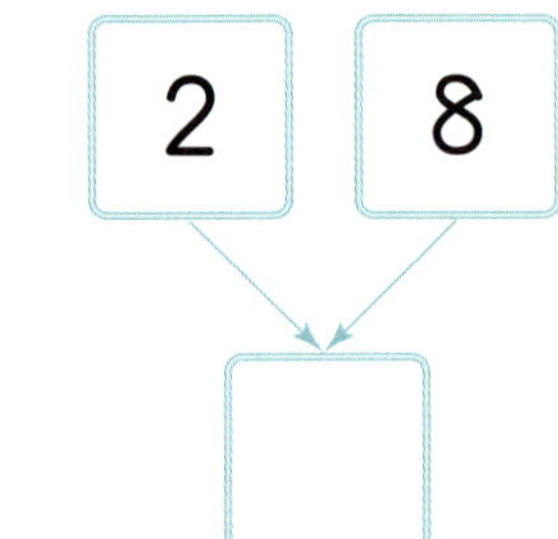

6 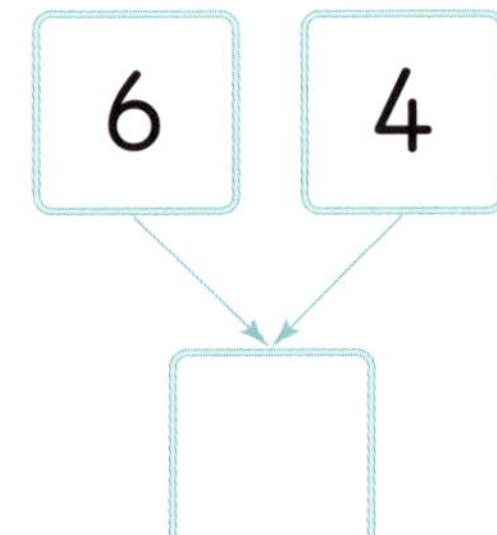

● 더해서 I O이 되도록 ☐ 안에 알맞은 수를 써 보세요.

7 $8 + \boxed{} = 10$

8 $9 + \boxed{} = 10$

9 $5 + \boxed{} = 10$

10 $7 + \boxed{} = 10$

11 $4 + \boxed{} = 10$

12 $1 + \boxed{} = 10$

● 파란색 수를 가르기 하여 덧셈을 하세요.

13 $9+9=\boxed{}$
1
10

14 $5+8=\boxed{}$
5
10

15 $4+7=\boxed{}$
6
10

16 $8+6=\boxed{}$
2
10

17 $6+9=\boxed{}$
4
10

18 $7+8=\boxed{}$
3
10

19 $5+9=\boxed{}$
5
10

20 $9+3=\boxed{}$
1
10

4 받아올림이 있는 덧셈

❖ 더해서 몇십이 되는 덧셈

- 24+6 계산하기

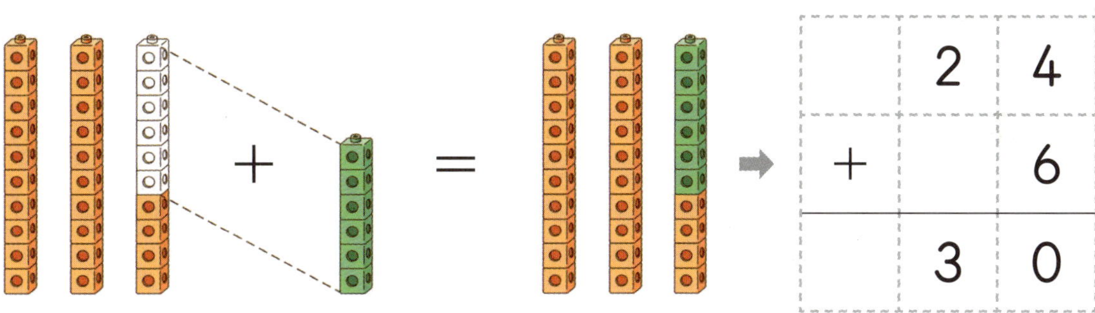

❖ 더해서 몇십몇이 되는 덧셈

- 15+7 계산하기

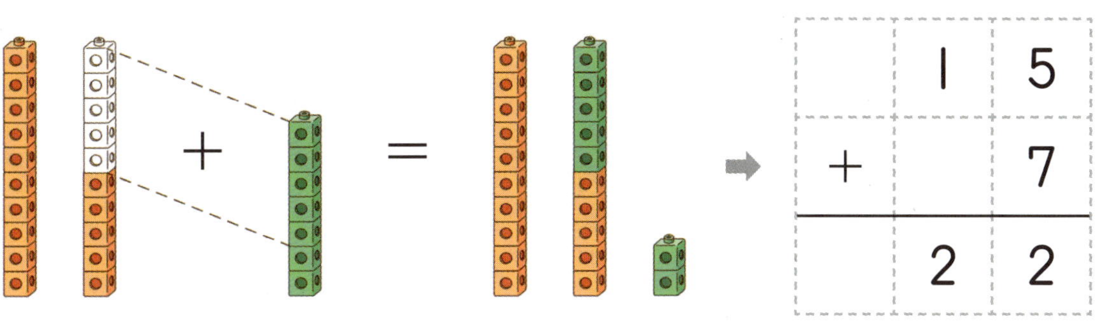

01 더해서 몇십이 되는 덧셈 (1)

🌵 24+6의 세로셈 계산하기

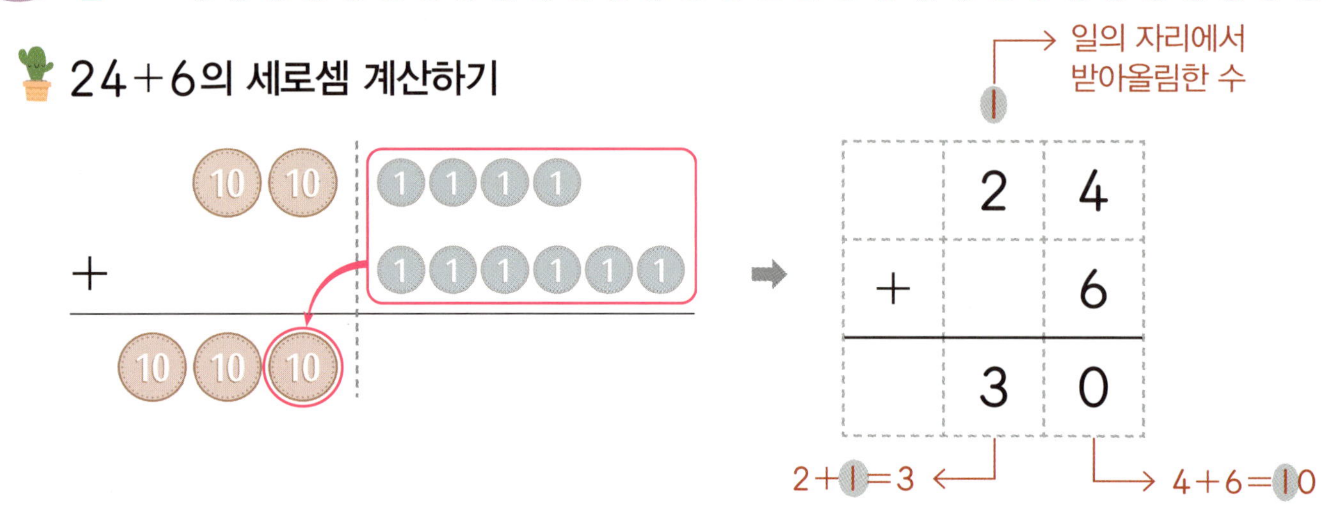

● 덧셈을 하세요.

1

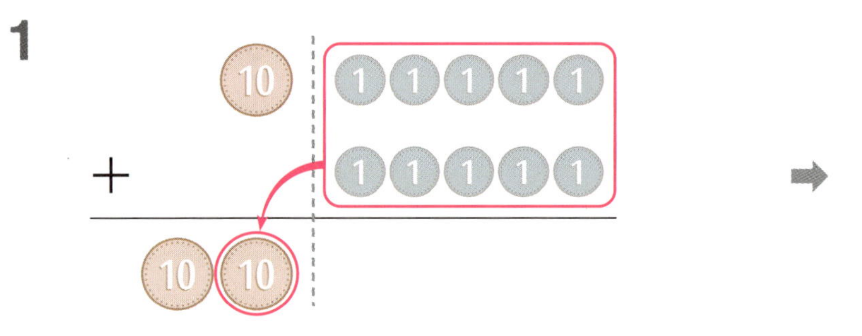

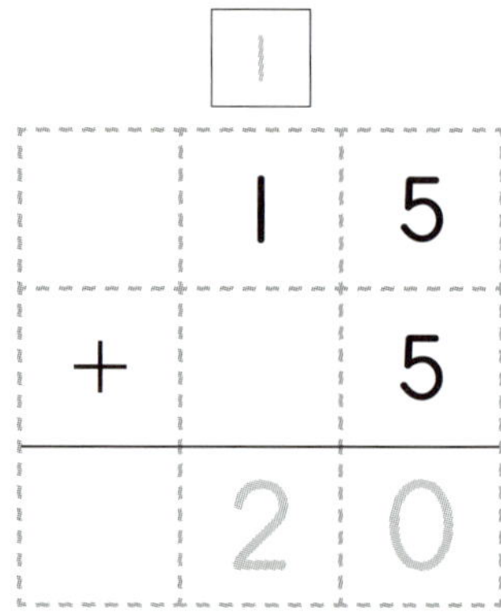

2

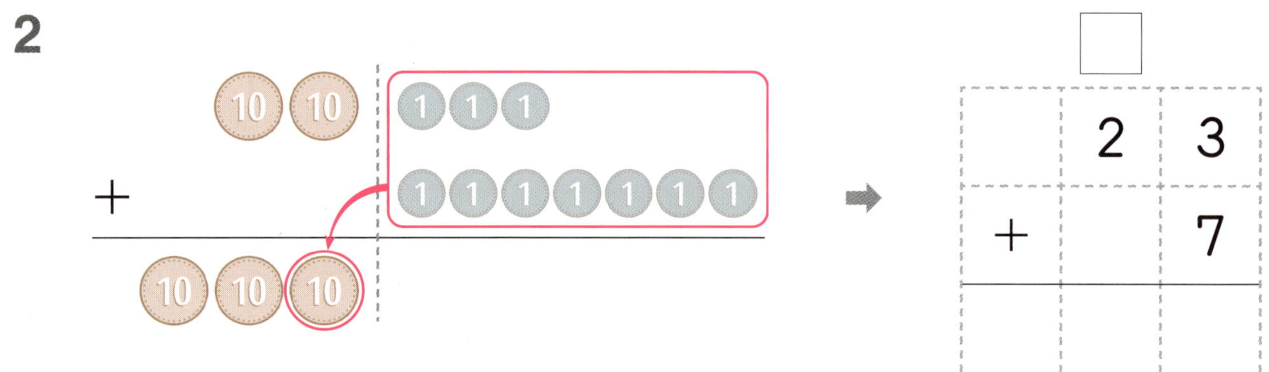

꿀 Tip

• 일의 자리 수끼리의 합이 10이 되는 덧셈입니다. 십의 자리 수 위에 받아올림한 1을 쓰고 덧셈을 합니다.

● 덧셈을 하세요.

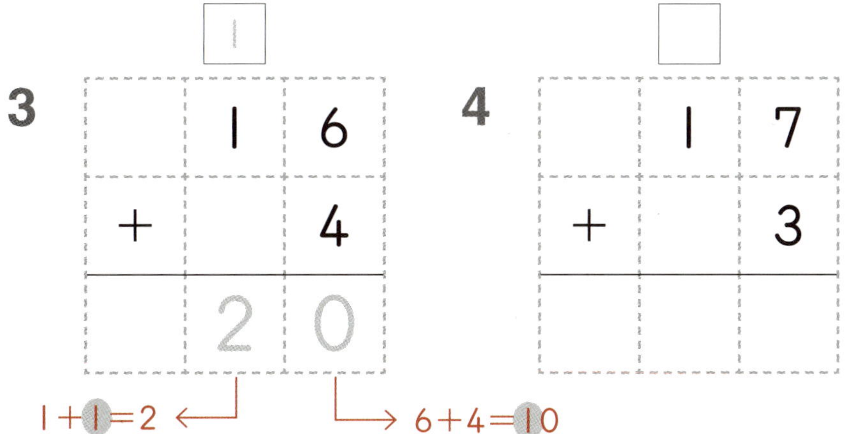

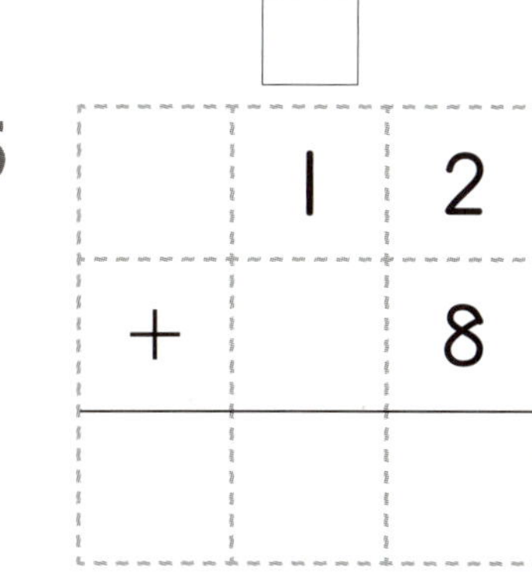

5
```
  1 2
+   8
```

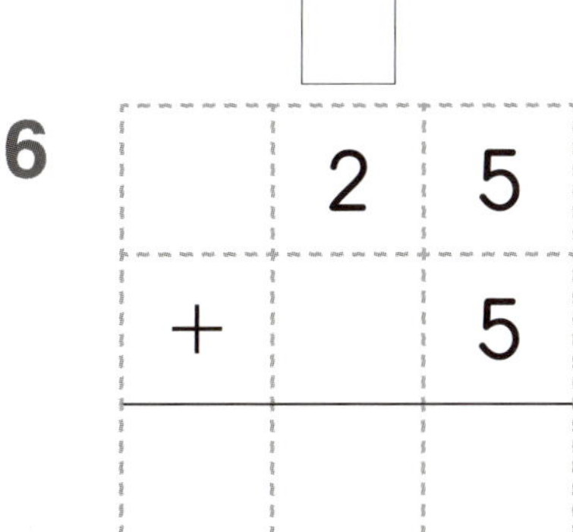

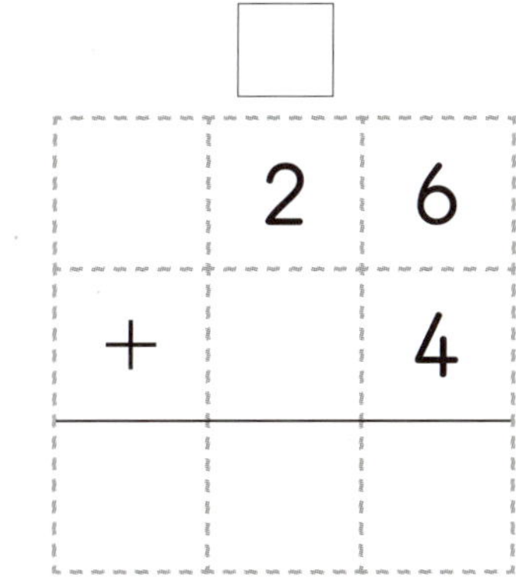

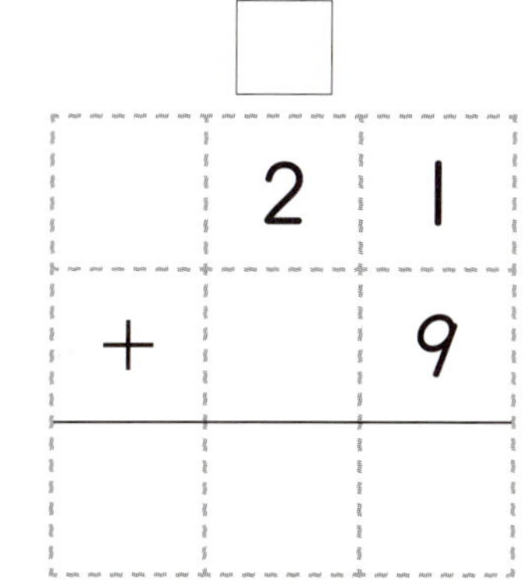

9
```
  3 3
+   7
```

10
```
  3 2
+   8
```

🌵 24+6의 가로셈 계산하기

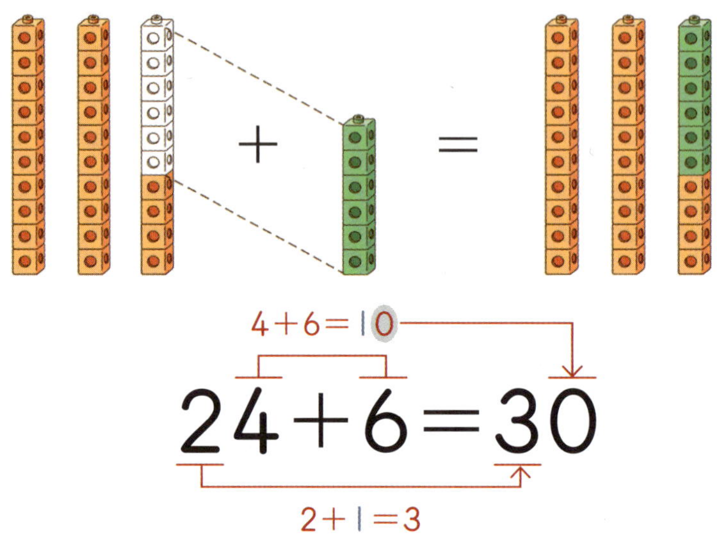

● 덧셈을 하세요.

1 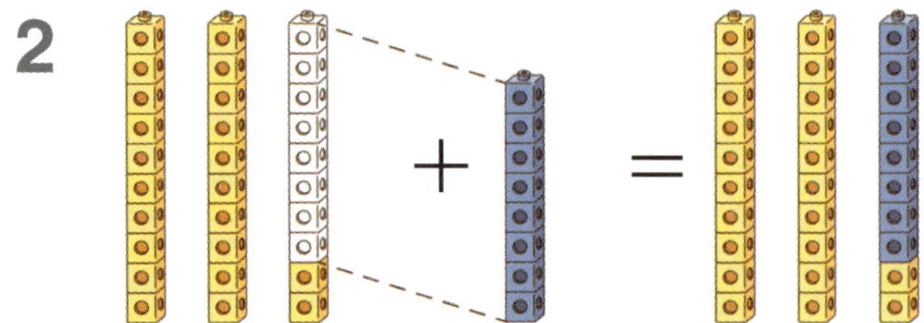 17+3=◻

2 22+8=◻

・ 받아올림이 있는 가로셈 계산이 어려운 경우, 세로셈으로 쓰고 덧셈을 할 수 있습니다.

3 덧셈을 하여 알맞은 답을 찾아 선으로 이어 보세요.

 03 더해서 몇십이 되는 덧셈 (3)

🌵 27+3의 가로셈과 세로셈

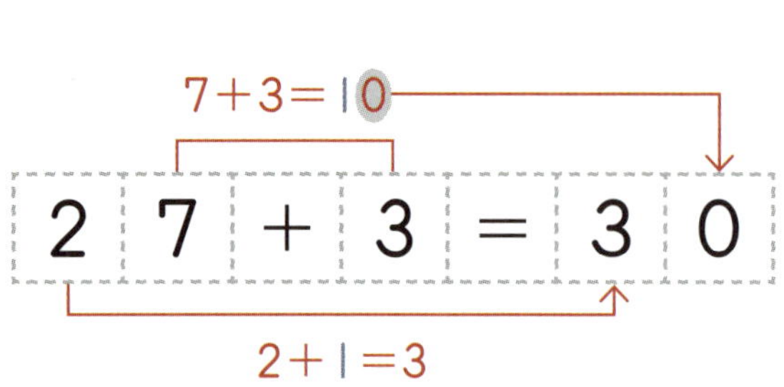

● 덧셈을 하세요.

1 13+7=

2 26+4=

3 28+2=

4 35+5=

5
```
    □
    2 9
  +   1
  ─────
```

6
```
    □
    3 1
  +   9
  ─────
```

7
```
    □
    4 4
  +   6
  ─────
```

· 일의 자리 수끼리의 합이 10이 되는 덧셈입니다. 일의 자리에서 받아올림을 하면 십의 자리 수는 1이 커지고, 일의 자리 수는 0이 됩니다.

8 덧셈을 하세요.

$$\begin{array}{r} 2\ 5 \\ +\ \ \ 5 \\ \hline \end{array}$$

$$21+9=\boxed{}$$

$$32+8=\boxed{}$$

$$\begin{array}{r} 3\ 9 \\ +\ \ \ 1 \\ \hline \end{array}$$

$$\begin{array}{r} 4\ 3 \\ +\ \ \ 7 \\ \hline \end{array}$$

$$44+6=\boxed{}$$

04 더해서 몇십몇이 되는 덧셈 (1)

🌵 15+7의 세로셈 계산하기

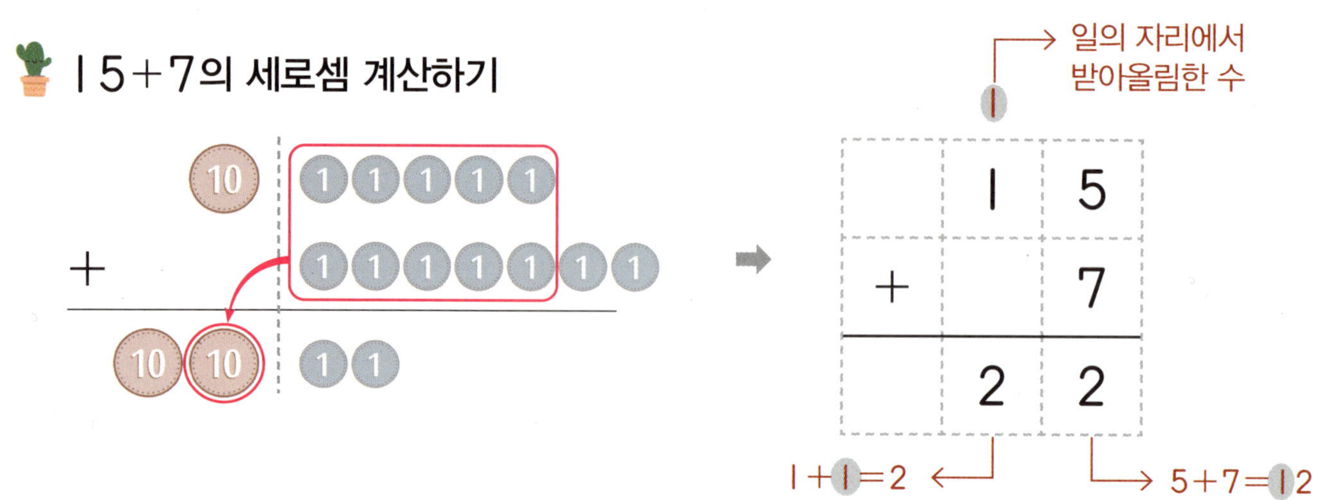

● 덧셈을 하세요.

1

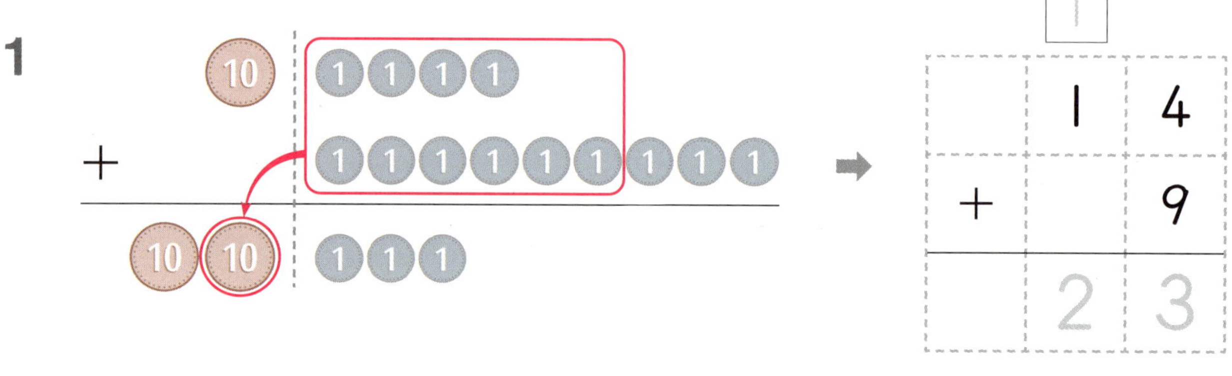

2

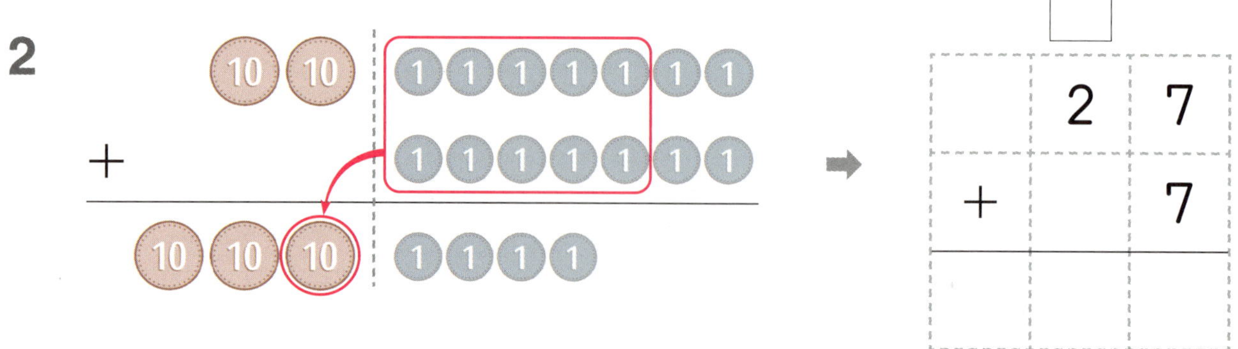

꿀 Tip
・ 일의 자리 수끼리의 합이 십몇이 되는 덧셈입니다. 십의 자리 수 위에 받아올림한 1을 쓰고 덧셈을 합니다.

● 덧셈을 하세요.

3
	1
1	3
+	8
2	1

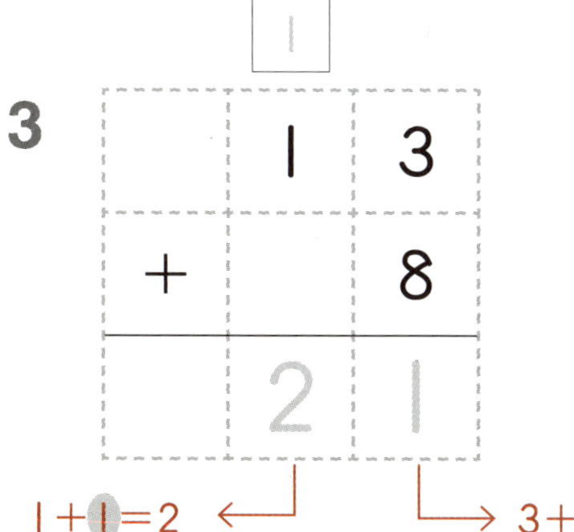

4
1	6
+	7

5
1	9
+	6

6
2	4
+	8

7
2	7
+	4

8
2	6
+	8

9
3	5
+	6

10
3	6
+	7

11
3	9
+	6

05 더해서 몇십몇이 되는 덧셈 (2)

🌵 ㅣ5+7의 가로셈 계산하기

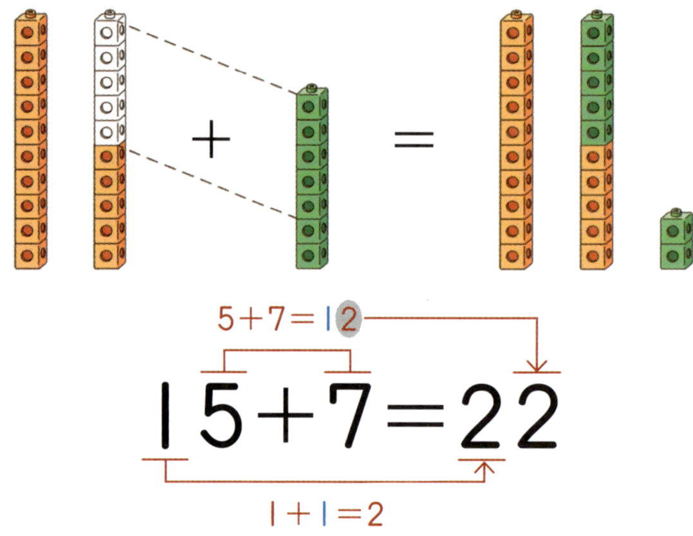

$$15+7=22$$

● 덧셈을 하세요.

1

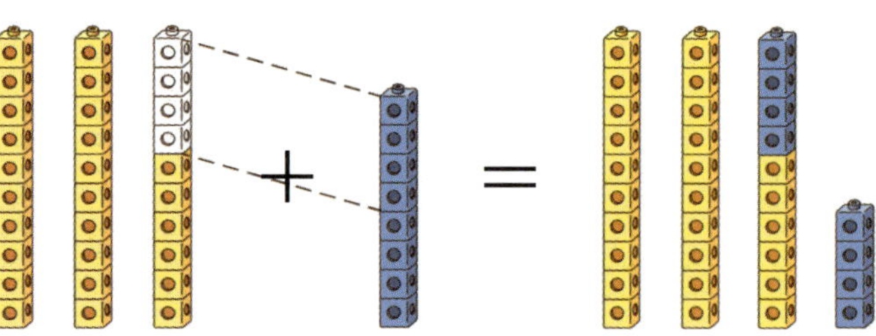

18+3= ☐

2

26+8= ☐

꿀 Tip

• 받아올림이 있는 가로셈 계산이 어려운 경우, 세로셈으로 쓰고 덧셈을 할 수 있습니다.

3 덧셈을 하여 알맞은 답을 찾아 선으로 이어 보세요.

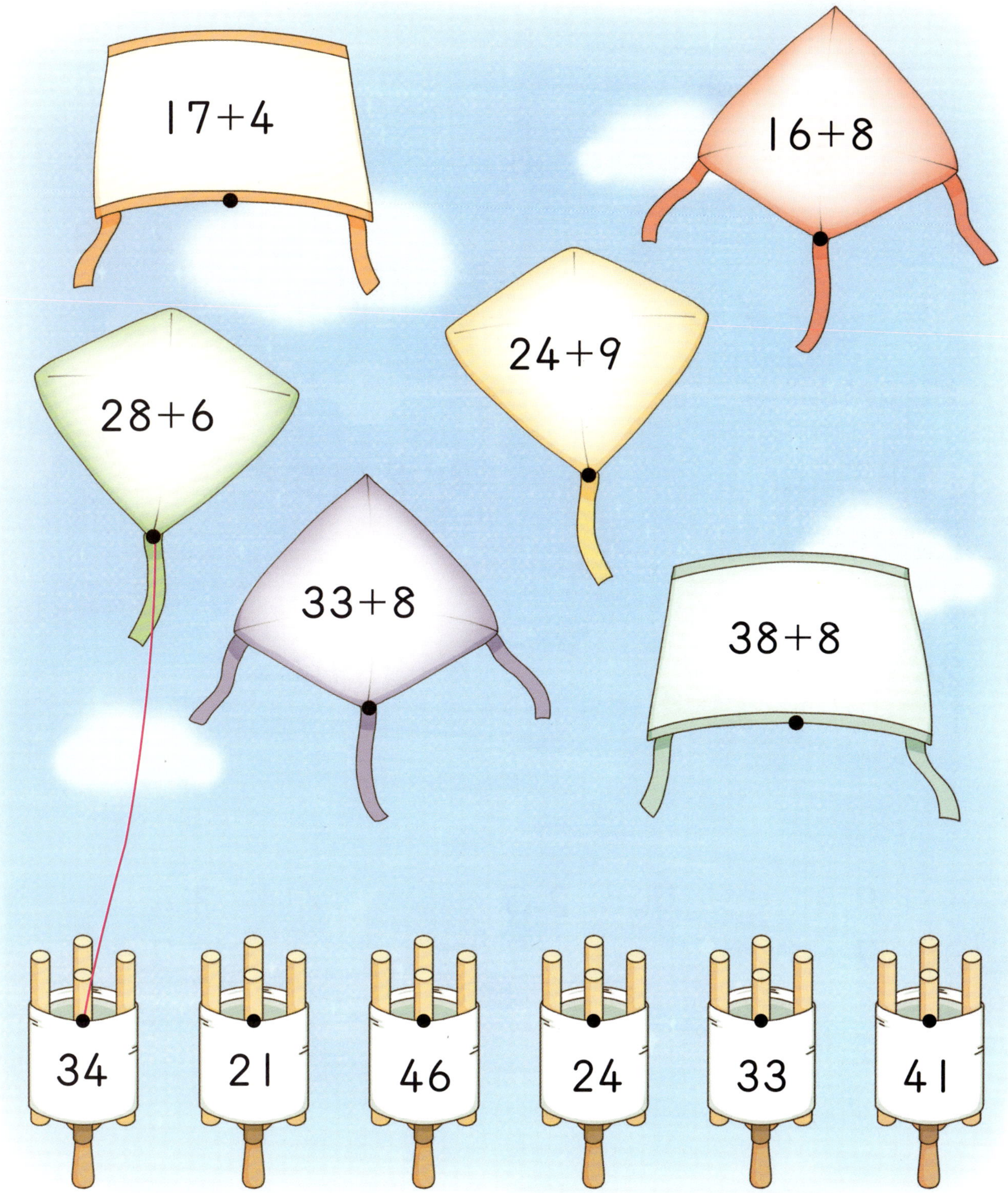

17+4

16+8

24+9

28+6

33+8

38+8

34　21　46　24　33　41

 18+5의 가로셈과 세로셈

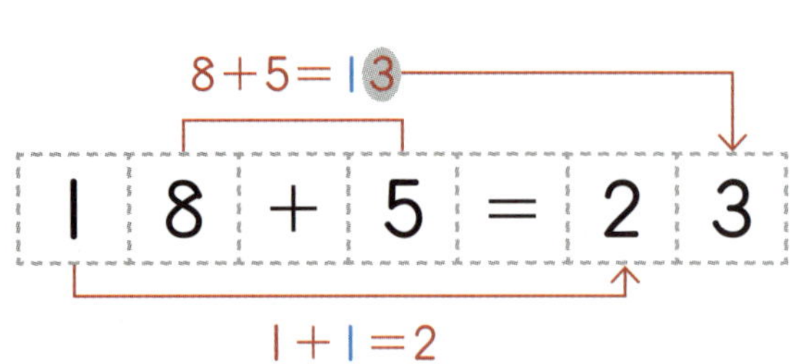

● 덧셈을 하세요.

1 16+8= ☐

2 27+6= ☐

3 24+8= ☐

4 38+7= ☐

5 ☐
```
   1 9
 +   7
─────
```

6 ☐
```
   2 5
 +   7
─────
```

7 ☐
```
   3 4
 +   7
─────
```

· 일의 자리 수끼리의 합이 십몇이 되는 덧셈입니다. 일의 자리에서 받아올림을 하면 십의 자리 수는 1이 커지고, 일의 자리 수는 몇이 됩니다.

8 덧셈을 하세요.

$17+6=\boxed{}$

$$\begin{array}{r} 2\,5 \\ +\ \ 9 \\ \hline \boxed{} \end{array}$$

$$\begin{array}{r} 3\,7 \\ +\ \ 7 \\ \hline \boxed{} \end{array}$$

$28+5=\boxed{}$

$29+6=\boxed{}$

$$\begin{array}{r} 3\,9 \\ +\ \ 8 \\ \hline \boxed{} \end{array}$$

● 덧셈을 하세요.

1   16   +   4   =   ☐

2   12   +   8   =   ☐

3   23   +   7   =   ☐

4   34   +   6   =   ☐

5   17   +   4   =   ☐

6   26   +   6   =   ☐

7   25   +   8   =   ☐

8   34   +   9   =   ☐

9   38   +   9   =   ☐

10   46   +   4   =   ☐

11 16 + 5 =

12 29 + 4 =

13 32 + 9 =

14 37 + 6 =

15 14 + 8 =

16 28 + 6 =

17 35 + 7 =

18 24 + 6 =

19 39 + 1 =

20 47 + 3 =

● 덧셈을 하세요.

1	2	3
$\square$ $\begin{array}{r}1\,9 \\ +\quad 1 \\ \hline \end{array}$	$\square$ $\begin{array}{r}2\,6 \\ +\quad 4 \\ \hline \end{array}$	$\square$ $\begin{array}{r}2\,7 \\ +\quad 5 \\ \hline \end{array}$

4	5	6
$\square$ $\begin{array}{r}3\,4 \\ +\quad 7 \\ \hline \end{array}$	$\square$ $\begin{array}{r}2\,9 \\ +\quad 8 \\ \hline \end{array}$	$\square$ $\begin{array}{r}4\,8 \\ +\quad 2 \\ \hline \end{array}$

7	8	9
$\square$ $\begin{array}{r}1\,6 \\ +\quad 8 \\ \hline \end{array}$	$\square$ $\begin{array}{r}2\,2 \\ +\quad 8 \\ \hline \end{array}$	$\square$ $\begin{array}{r}3\,5 \\ +\quad 7 \\ \hline \end{array}$

10	11	12
$\square$ $\begin{array}{r}1\,1 \\ +\quad 9 \\ \hline \end{array}$	$\square$ $\begin{array}{r}2\,5 \\ +\quad 6 \\ \hline \end{array}$	$\square$ $\begin{array}{r}3\,7 \\ +\quad 9 \\ \hline \end{array}$

13 $17+9=$

14 $19+8=$

15 $28+6=$

16 $39+2=$

17 $26+5=$

18 $38+4=$

19 $13+7=$

20 $28+2=$

21 $24+8=$

22 $36+7=$

5 10을 이용하는 뺄셈

❖ **10에서 빼기**

$$10-1=9 \qquad 10-6=4$$
$$10-2=8 \qquad 10-7=3$$
$$10-3=7 \qquad 10-8=2$$
$$10-4=6 \qquad 10-9=1$$
$$10-5=5$$

❖ **14−6 계산하기**

$$14-6=8$$

🌵 그림을 보고 10을 가르기

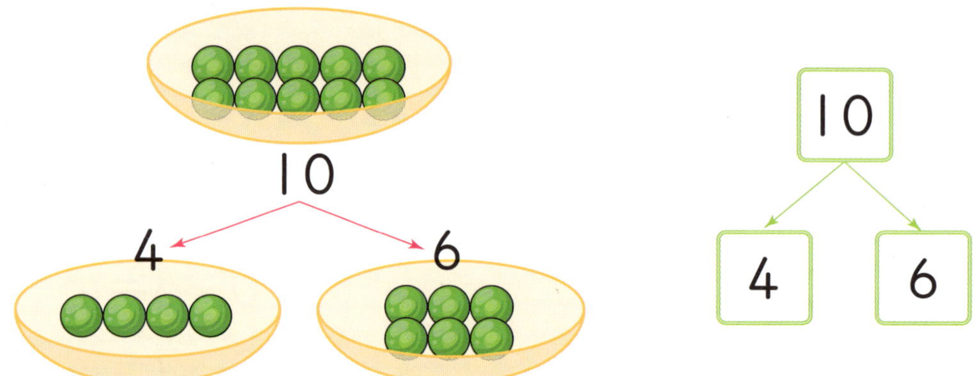

● 그림을 보고 10을 가르기 해 보세요.

1

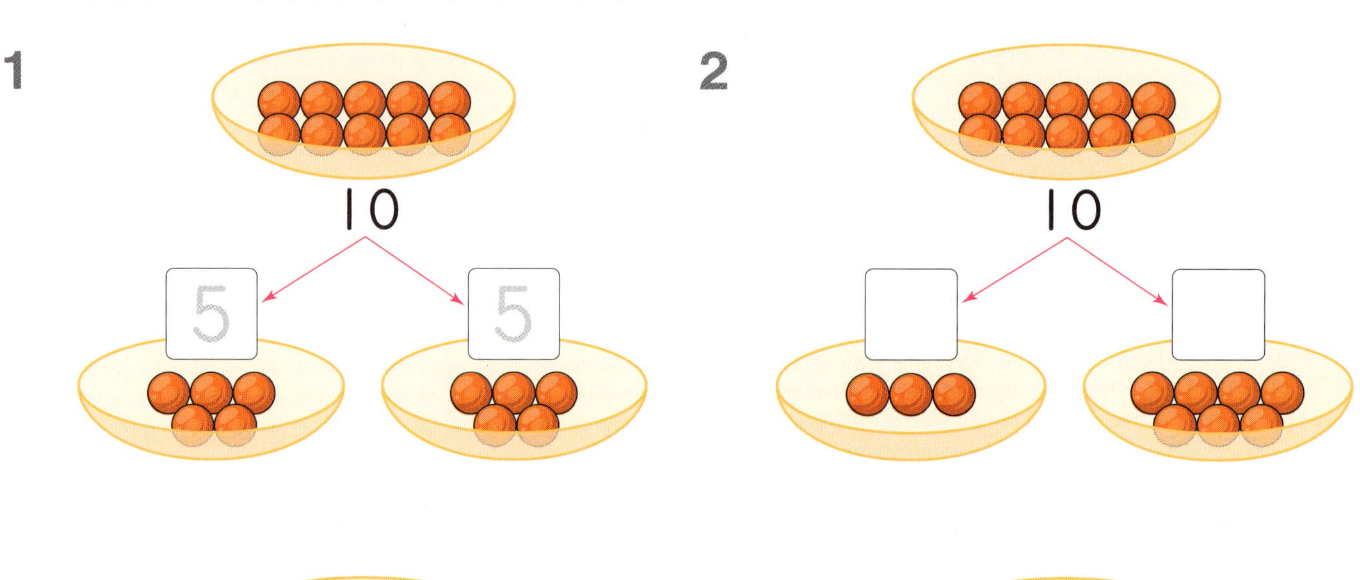

2

3

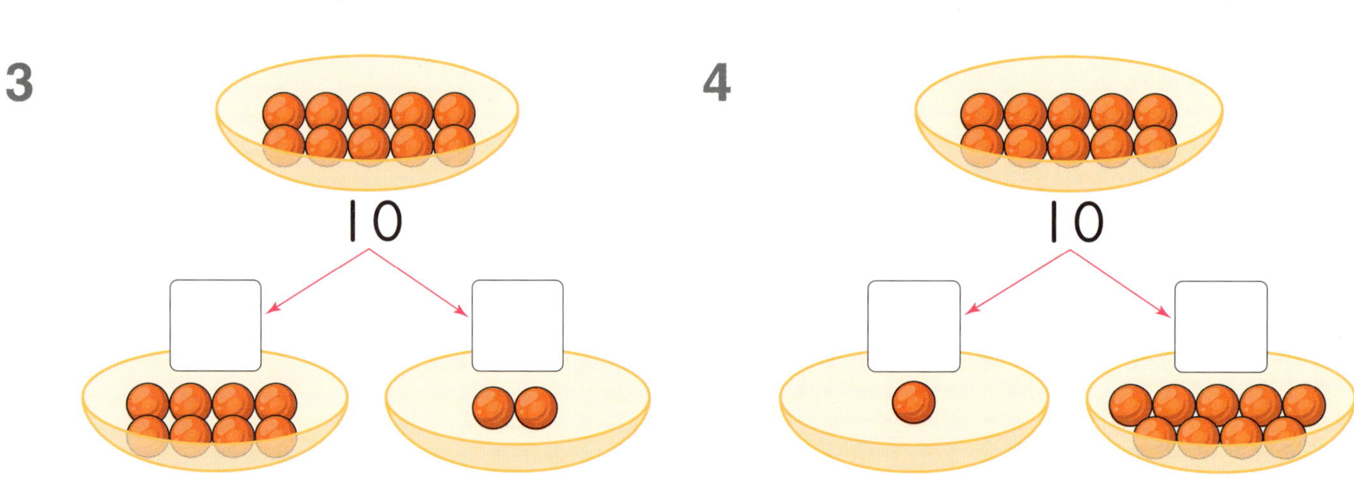

4

● <보기>와 같이 구슬을 /으로 가르고, 빈칸에 알맞은 수를 써 보세요.

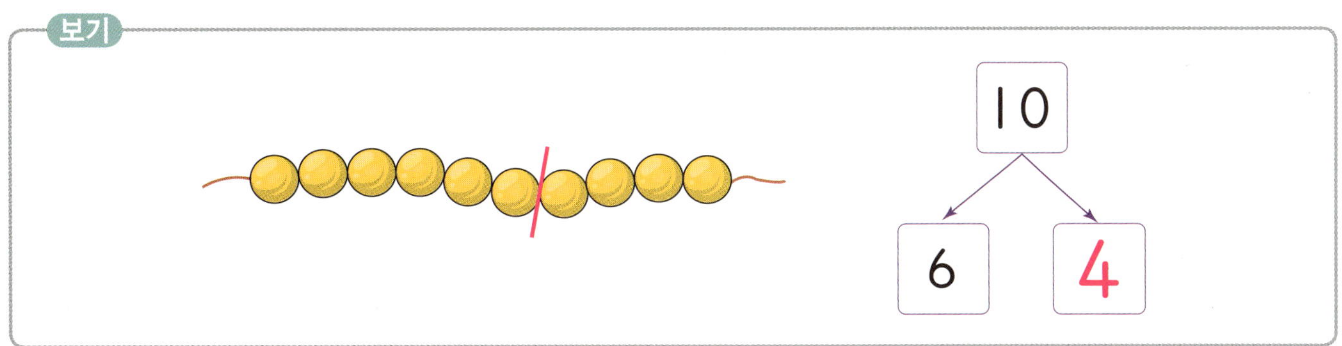

5

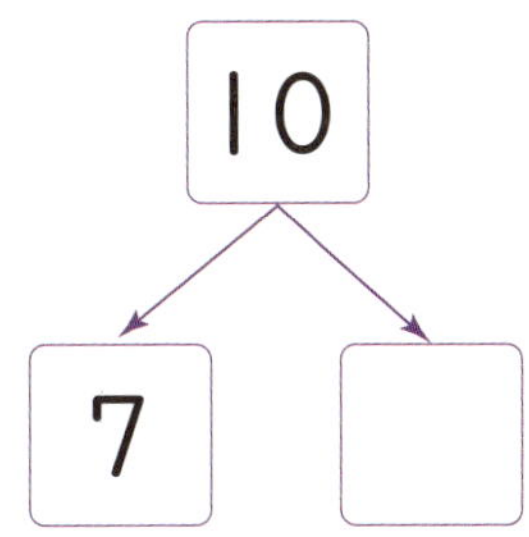

6

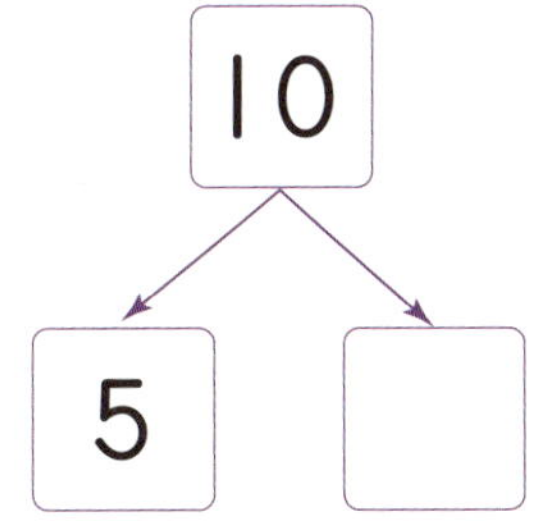

7

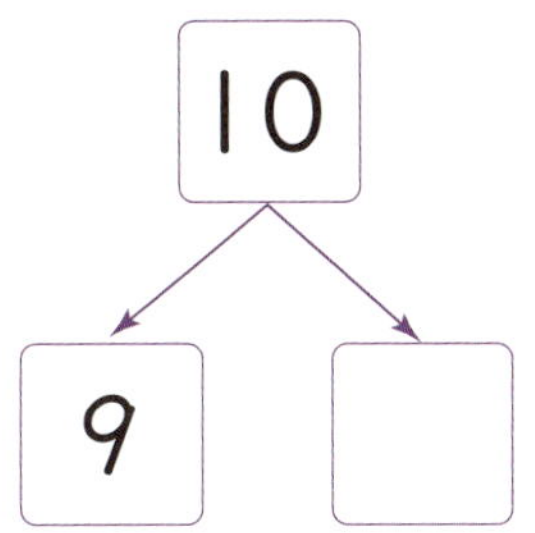

• 왼쪽 수만큼 구슬을 세어 /으로 표시하고, 남은 구슬의 수를 오른쪽에 써 봅니다.

10을 가르기 (2)

🌵 10을 두 수로 가르기

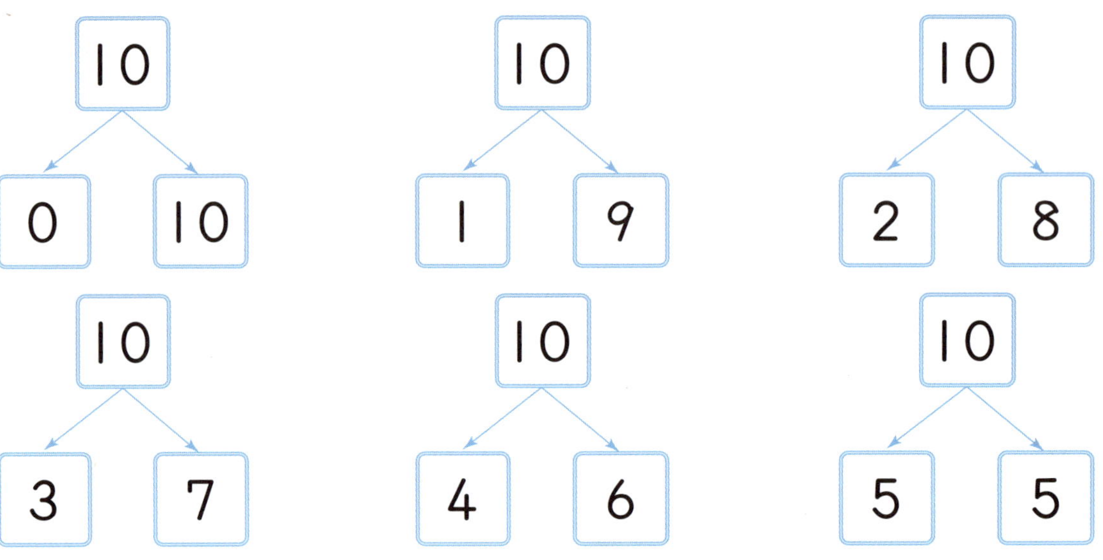

● 10을 두 수로 가르기 해 보세요.

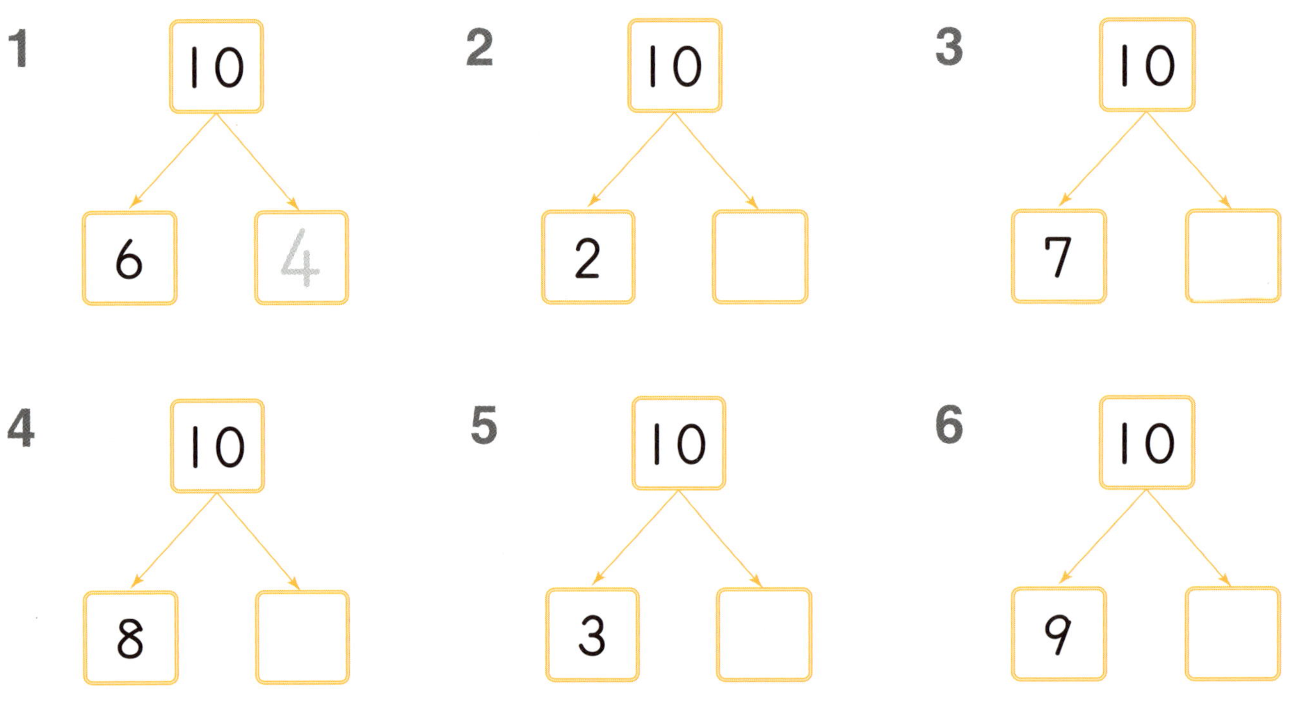

꿀 Tip · 3단원에서 배웠던 '10이 되게 모으기'를 생각하며 10을 두 수로 가르기 합니다.

7 I0을 두 수로 가르기 하여 빈칸에 알맞은 수를 써 보세요.

3 7

2

5

4

7

8

6

9

03 | 10에서 빼기 (1)

🌵 10에서 빼고 남은 수 찾기

$$10-4=6$$

● 파란색 수만큼 전구를 /으로 지우고 뺄셈을 하세요.

1  $10-2=\boxed{8}$

2  $10-4=\boxed{}$

3 $10-7=\boxed{}$

4  $10-9=\boxed{}$

 꿀 Tip
· 빼는 수만큼 전구를 /으로 지우고 남은 전구의 수를 세어 뺄셈을 합니다.

● 구슬이 IO개 들어있는 통에서 구슬을 뽑았습니다. 통에 남은 구슬의 수만큼 ◯를 그리고 뺄셈을 하세요.

5

$$10-4=\boxed{6}$$

6

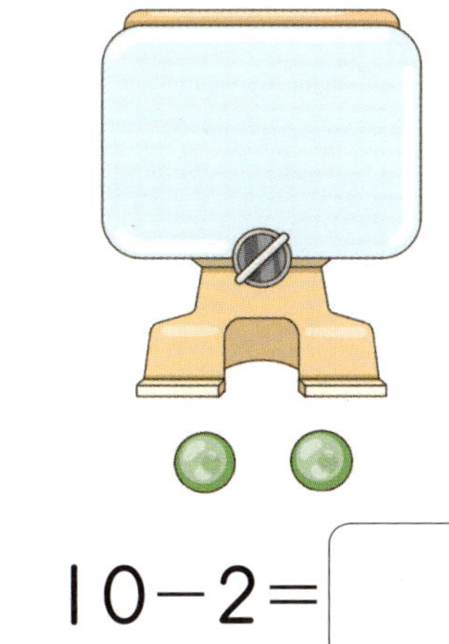

$$10-2=\boxed{}$$

7

$$10-5=\boxed{}$$

8

$$10-6=\boxed{}$$

9

$$10-7=\boxed{}$$

10

$$10-9=\boxed{}$$

04 10에서 빼기 (2)

🌵 10에서 빼고 남은 수 알아보기

$10-1=9$ $10-6=4$

$10-2=8$ $10-7=3$

$10-3=7$ $10-8=2$

$10-4=6$ $10-9=1$

$10-5=5$

● 그림을 보고 10개 중에서 남은 과일은 몇 개인지 뺄셈을 하세요.

1

$10-1=\boxed{9}$

2

$10-3=\boxed{}$

3

$10-\boxed{}=\boxed{}$

4

$10-\boxed{}=\boxed{}$

· 10을 두 수로 가르기를 했던 것을 이용하여 10에서 빼기를 할 수 있습니다.

● 뺄셈을 하세요.

5 $10-1=\boxed{}$

6 $10-3=\boxed{}$

7 $10-2=\boxed{}$

8 $10-4=\boxed{}$

9 $10-5=\boxed{}$

10 $10-7=\boxed{}$

11 $10-6=\boxed{}$

12 $10-8=\boxed{}$

13 $10-9=\boxed{}$

14 $10-4=\boxed{}$

05 ㅣ0을 이용하여 뺄셈하기 (1)

🌵 그림을 이용하여 ㅣ4−6 계산하기

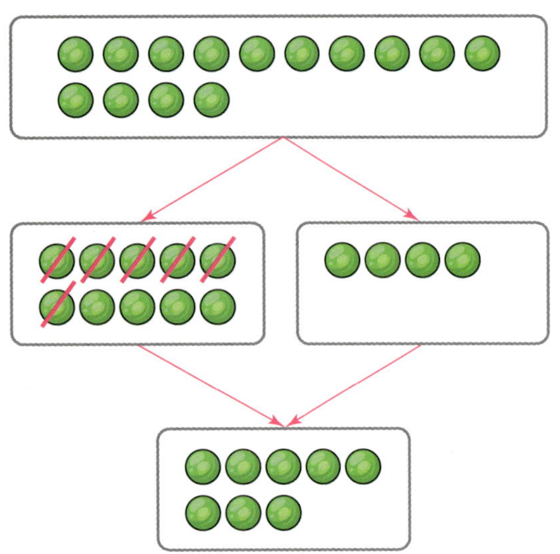

$$14-6=8$$

● 그림을 보고 뺄셈을 하세요.

1

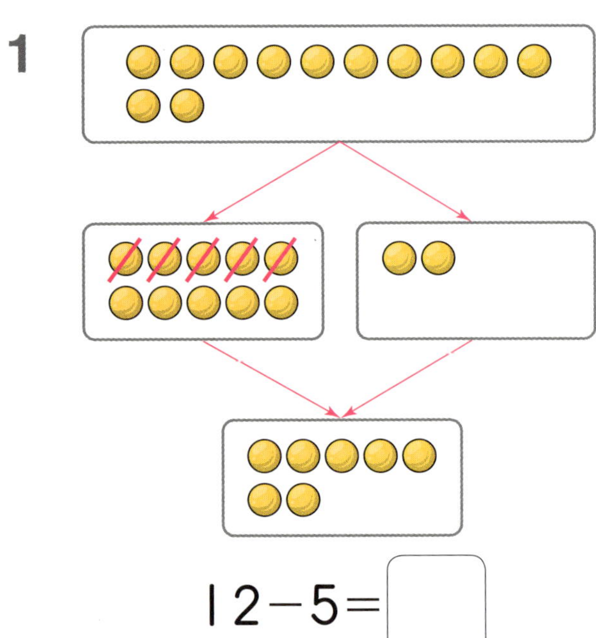

$$12-5=\boxed{}$$

2

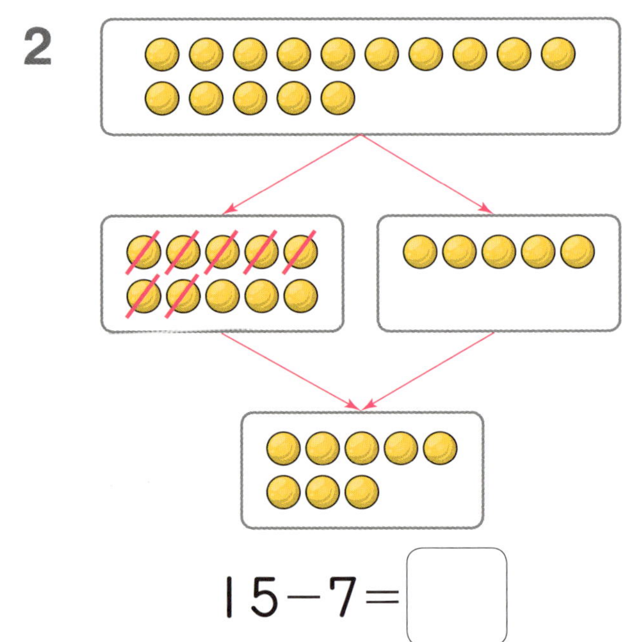

$$15-7=\boxed{}$$

• 십몇을 ㅣ0과 몇으로 가르기 하고, ㅣ0에서 빼고 남은 수와 몇을 모으기 합니다.

● 그림을 보고 뺄셈을 하세요.

3

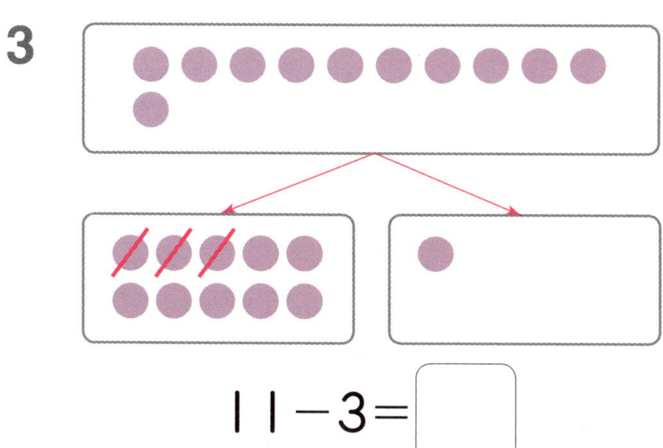

$$11 - 3 = \boxed{}$$

4

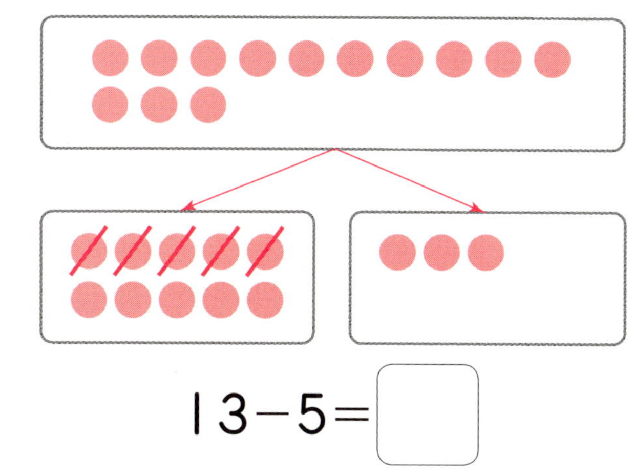

$$13 - 5 = \boxed{}$$

5

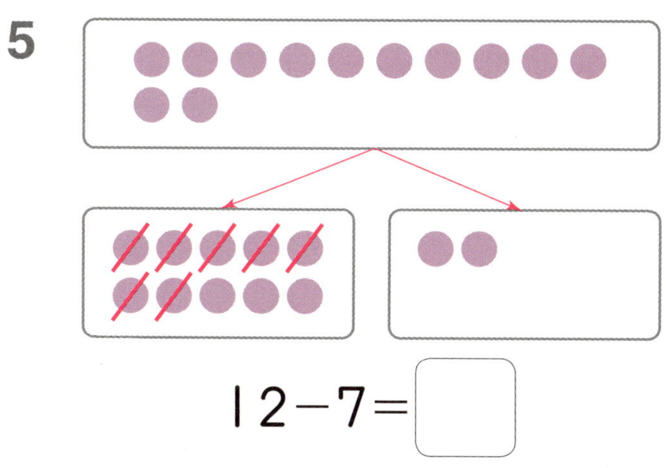

$$12 - 7 = \boxed{}$$

6

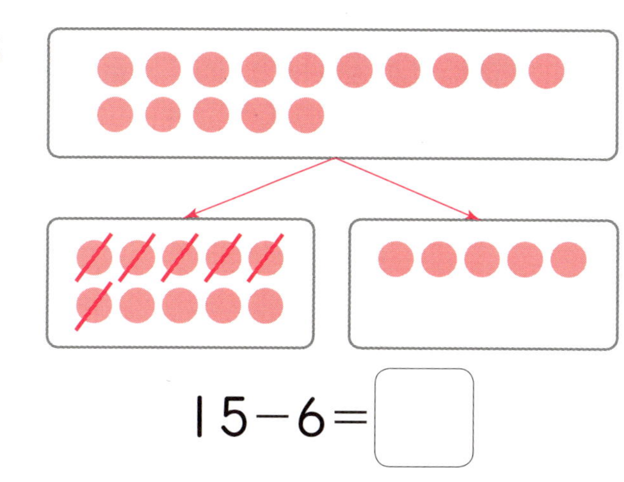

$$15 - 6 = \boxed{}$$

7

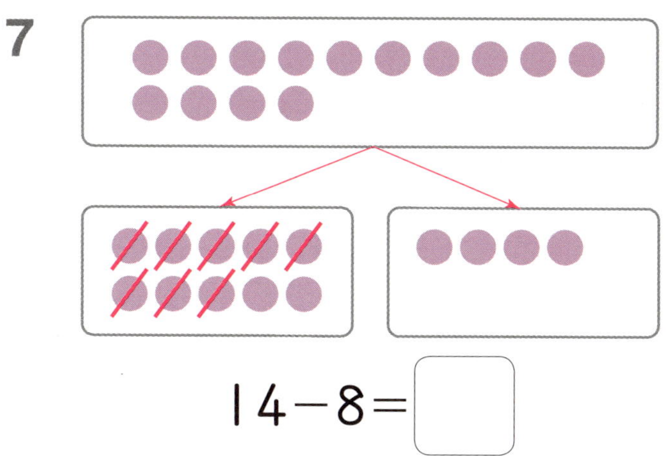

$$14 - 8 = \boxed{}$$

8

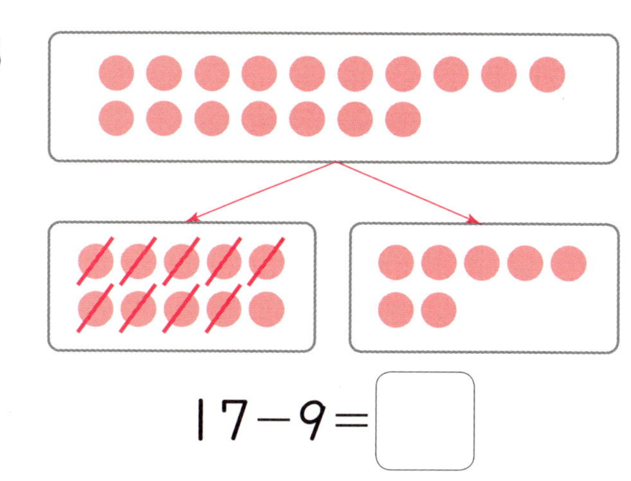

$$17 - 9 = \boxed{}$$

06 10을 이용하여 뺄셈하기 (2)

 14를 가르기 하여 14−6 계산하기

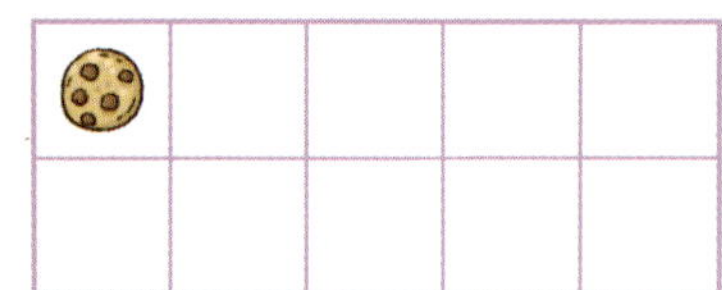

$$14 - 6 = 8$$

10   4

● 왼쪽 10개의 과자 중에서 초록색 수만큼 /으로 지우고 뺄셈을 하세요.

1 

$$11 - 2 = \boxed{9}$$

10   1

2 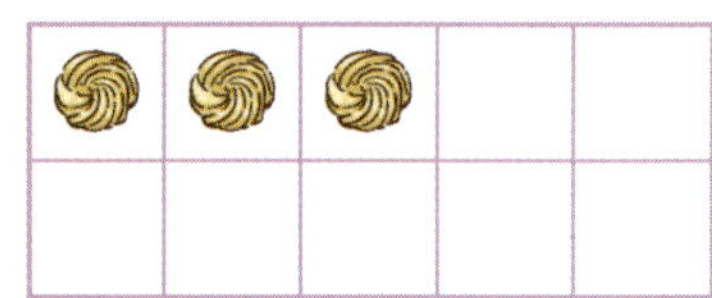

$$13 - 6 = \boxed{}$$

10   3

3 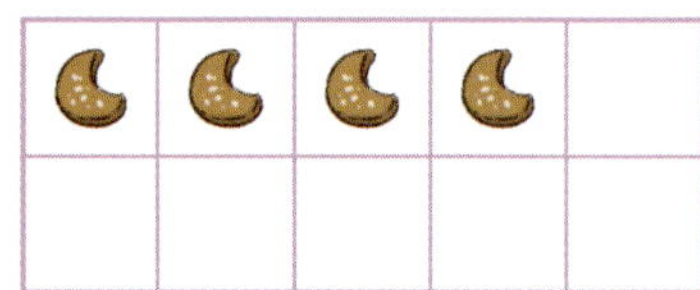

$$14 - 7 = \boxed{}$$

10   4

- 십몇을 10과 몇으로 가르기 하고, 10에서 빼고 남은 수와 몇을 더해서 계산을 합니다.
  - 예 14−6의 경우, 14를 10과 4로 가르기 하여 10에서 6을 빼고 남은 4와 4를 더하면 8이 됩니다.

4 뺄셈을 하여 알맞은 답을 찾아 길을 따라가 보세요.

10을 이용하여 뺄셈하기 (3)

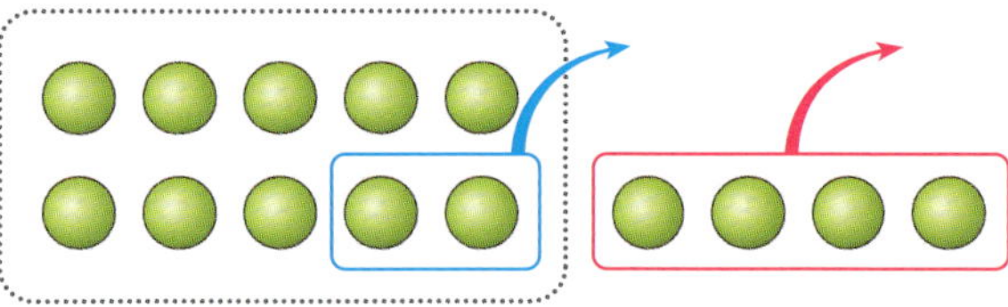 6을 가르기 하여 14−6 계산하기

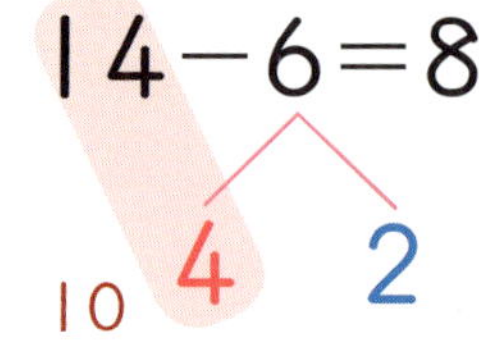

$$14-6=8$$

10 4 2

● 그림을 보고 뺄셈을 하세요.

1

$$13-7=\boxed{6}$$

10 3 4

2

$$15-8=\boxed{}$$

10 5 3

3

$$16-9=\boxed{}$$

10 6 3

 꿀Tip

• 빨간색 수를 먼저 빼서 10을 만들고, 10에서 파란색 수를 뺍니다.

● 초록색 수를 가르기 하여 뺄셈을 하세요.

4 $13 - 5 = \boxed{8}$
10 3 $\boxed{2}$

5 $12 - 7 = \boxed{}$
10 2 $\boxed{}$

6 $14 - 8 = \boxed{}$
10 4 $\boxed{}$

7 $15 - 7 = \boxed{}$
10 5 $\boxed{}$

8 $16 - 8 = \boxed{}$
10 6 $\boxed{}$

9 $18 - 9 = \boxed{}$
10 8 $\boxed{}$

10 $17 - 9 = \boxed{}$
10 7 $\boxed{}$

11 $13 - 9 = \boxed{}$
10 3 $\boxed{}$

● **10을 두 수로 가르기 하세요.**

1 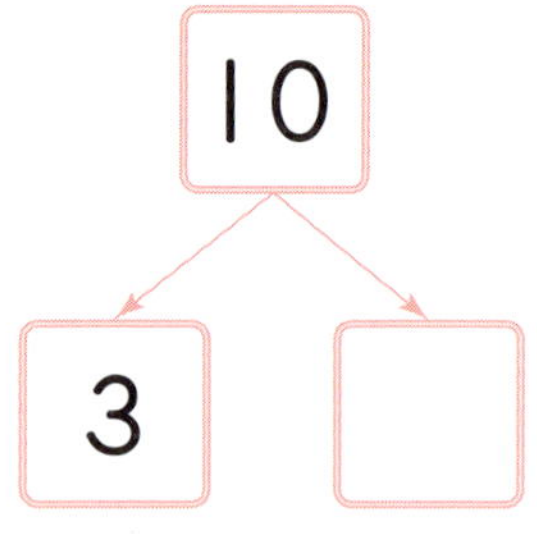

2 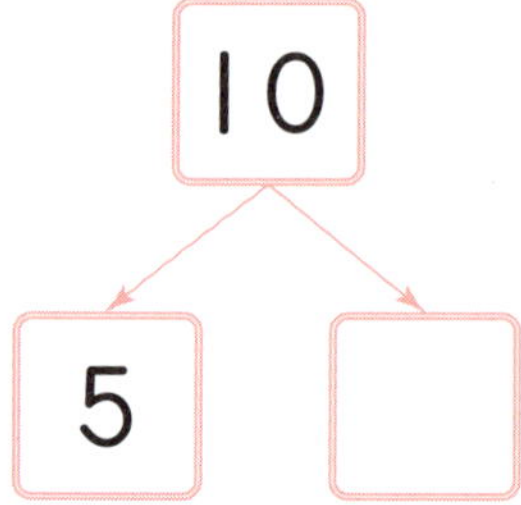

3 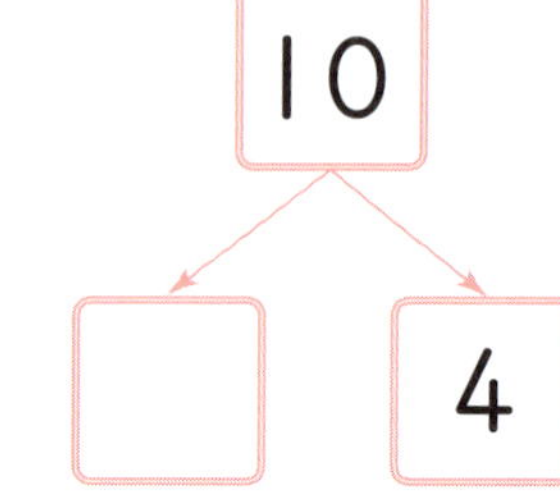

4 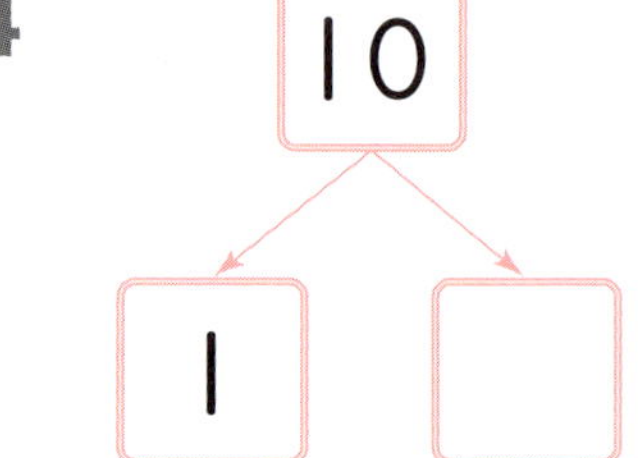

5 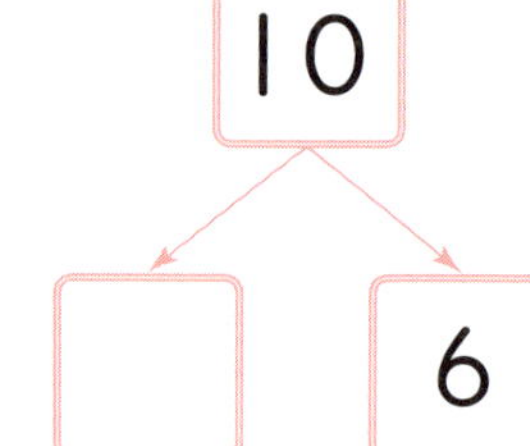

6 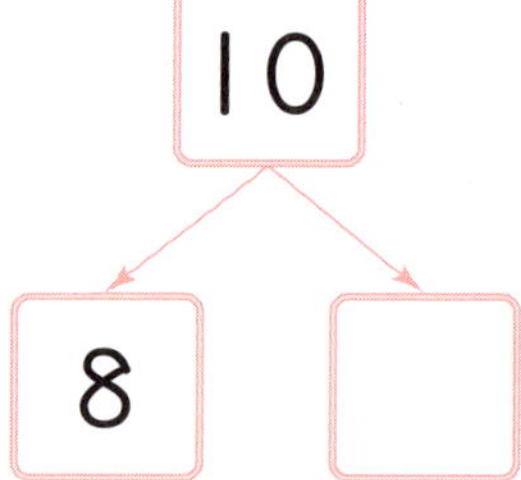

● **빈칸에 알맞은 수를 써 보세요.**

7 

8 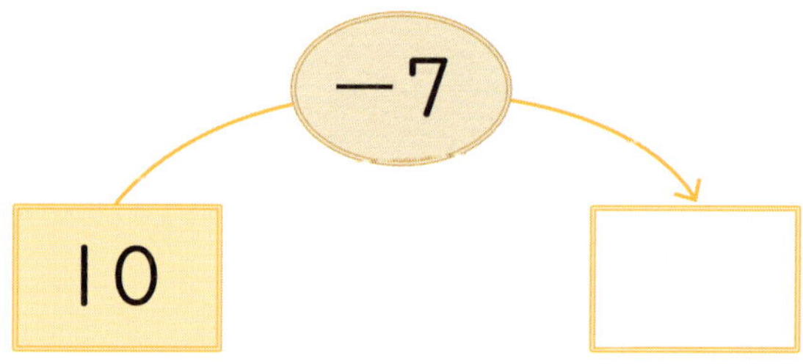

9 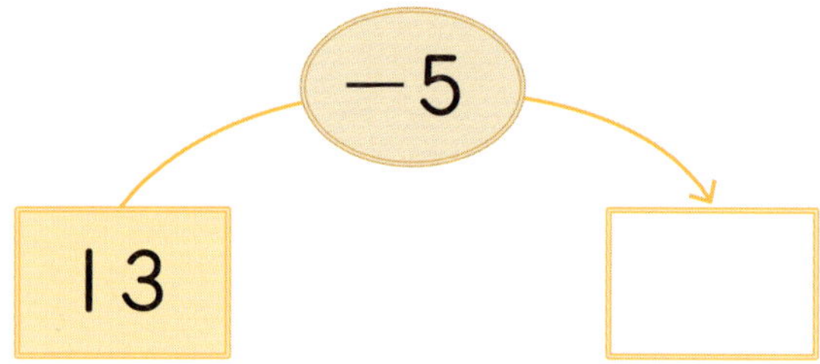

10 

● **뺄셈을 하세요.**

11 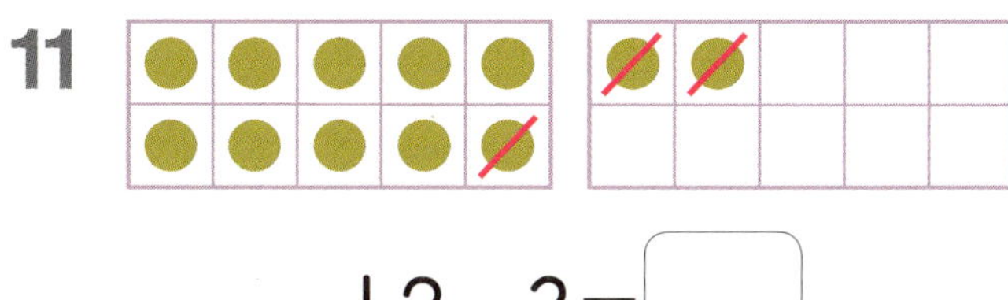

$$12-3=\boxed{}$$

12 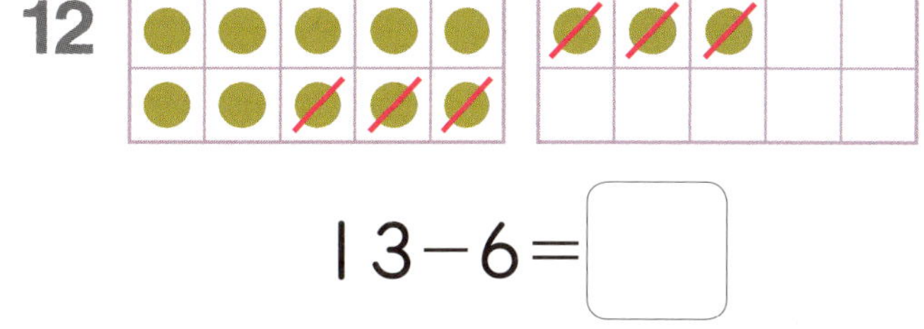

$$13-6=\boxed{}$$

13 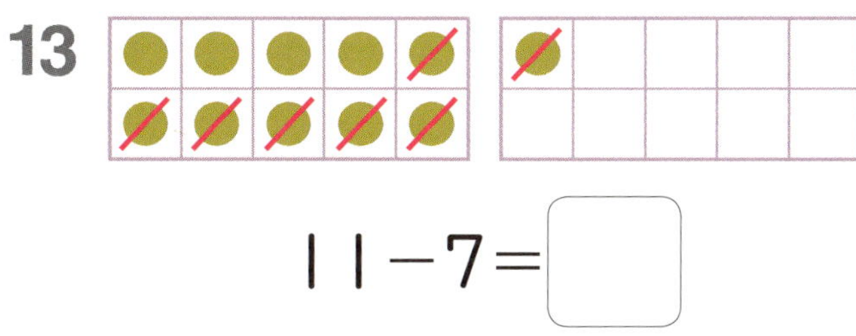

$$11-7=\boxed{}$$

14 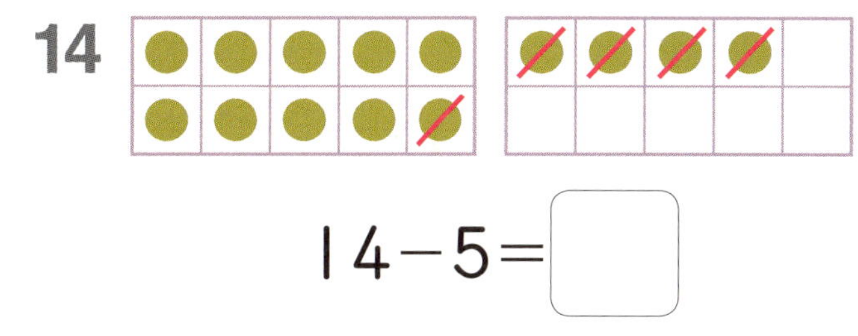

$$14-5=\boxed{}$$

15 $12-5=\boxed{}$

16 $14-7=\boxed{}$

17 $16-7=\boxed{}$

18 $17-9=\boxed{}$

19 $16-8=\boxed{}$

20 $18-9=\boxed{}$

받아내림이 있는 뺄셈

❖ 몇십에서 빼는 뺄셈

- 30 − 5 계산하기

 → 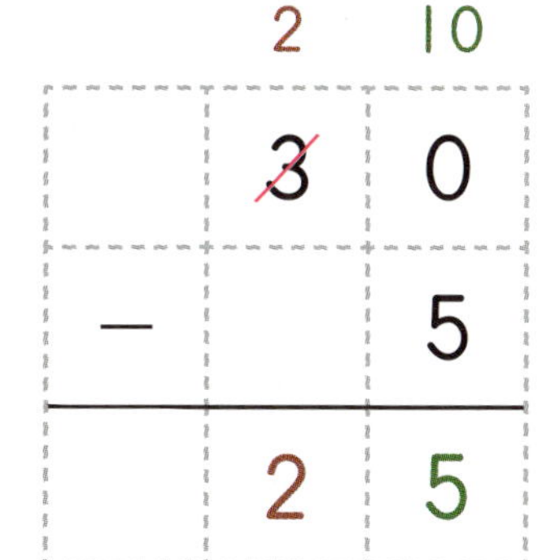

❖ 몇십몇에서 빼는 뺄셈

- 23 − 6 계산하기

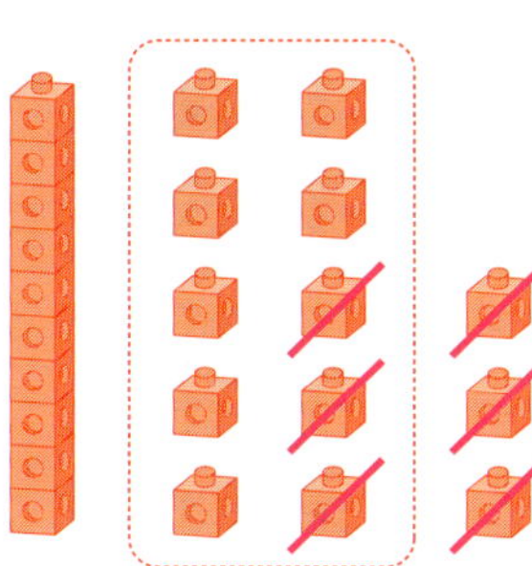 → 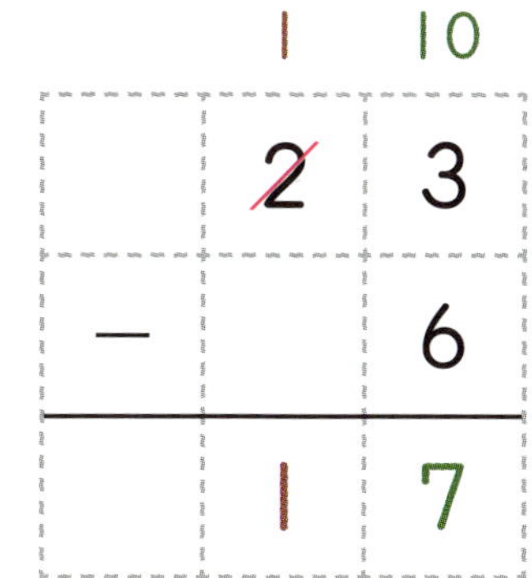

01 몇십에서 빼는 뺄셈 (1)

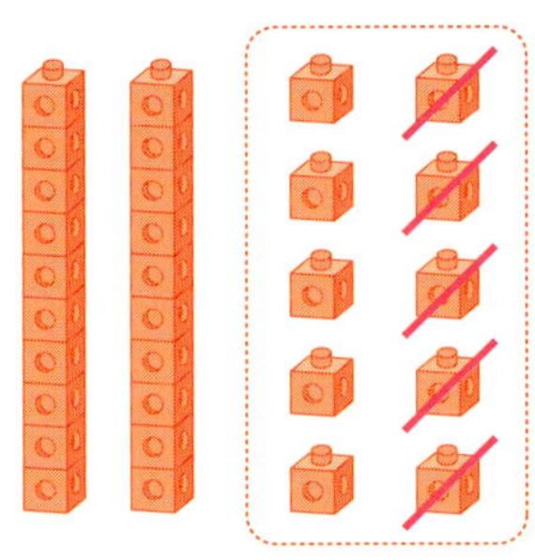 /으로 지우고 30−5 계산하기

$$30-5=25$$

● 파란색 수만큼 /으로 지우고 뺄셈을 하세요.

1

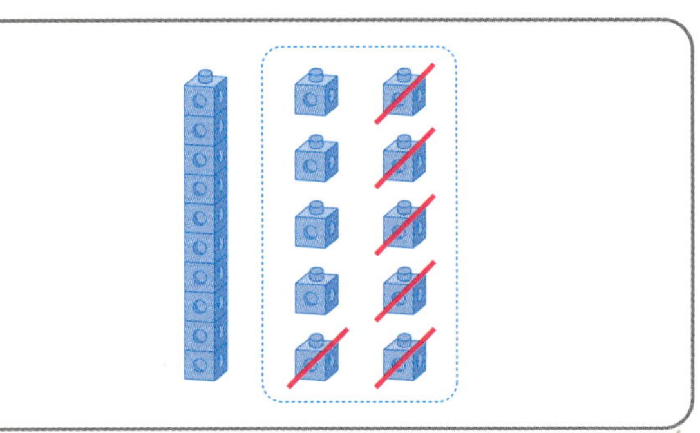

$$20-6=\boxed{14}$$

2

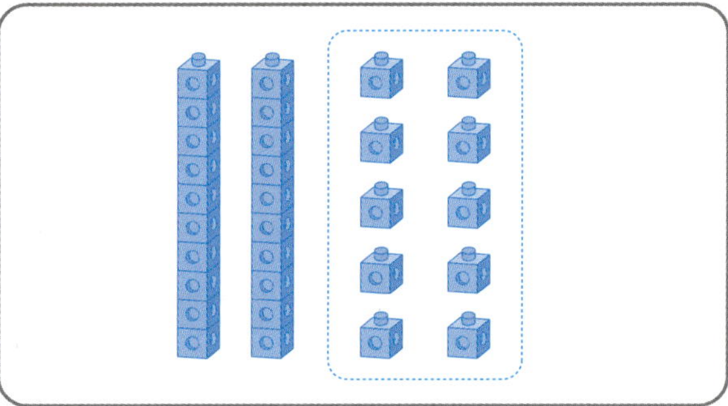

$$30-7=\boxed{}$$

3

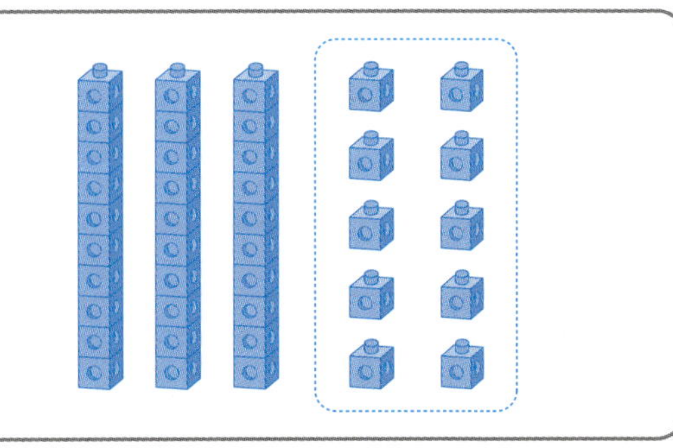

$$40-4=\boxed{}$$

4

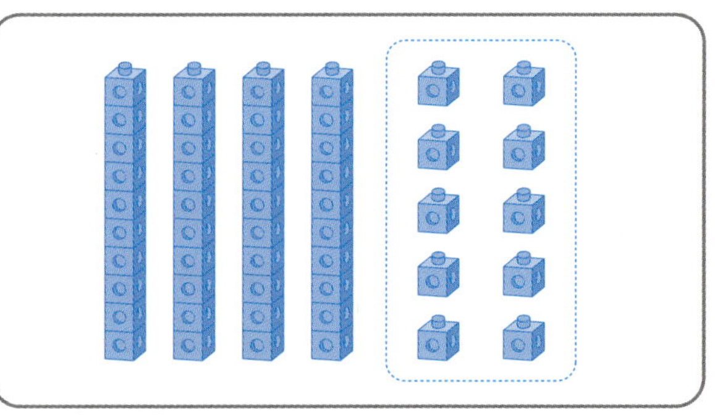

$$50-5=\boxed{}$$

● **초록색 수만큼 달걀을 /으로 지우고 뺄셈을 하세요.**

5 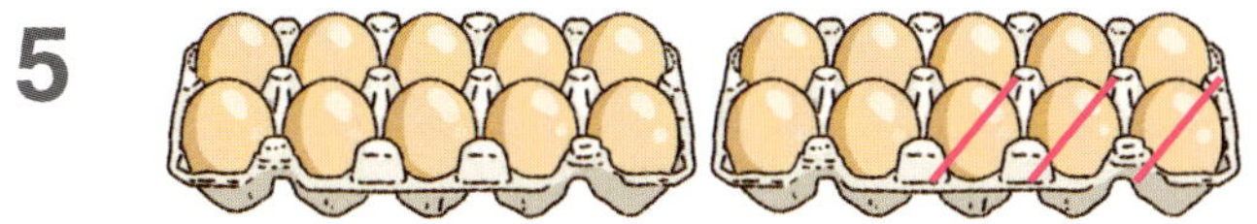

$$20 - 3 = \boxed{17}$$

6 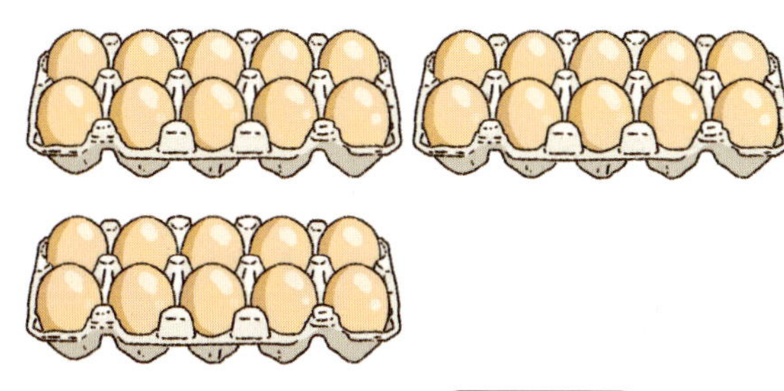

$$30 - 4 = \boxed{}$$

7 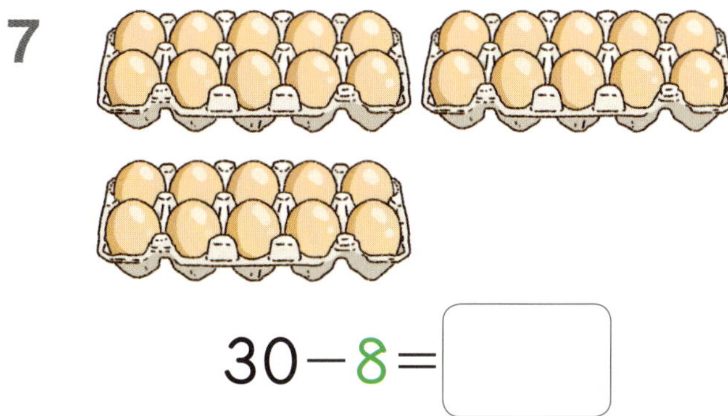

$$30 - 8 = \boxed{}$$

8 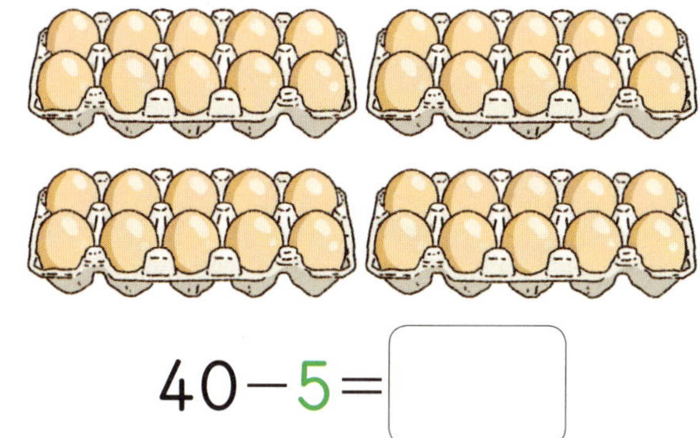

$$40 - 5 = \boxed{}$$

9 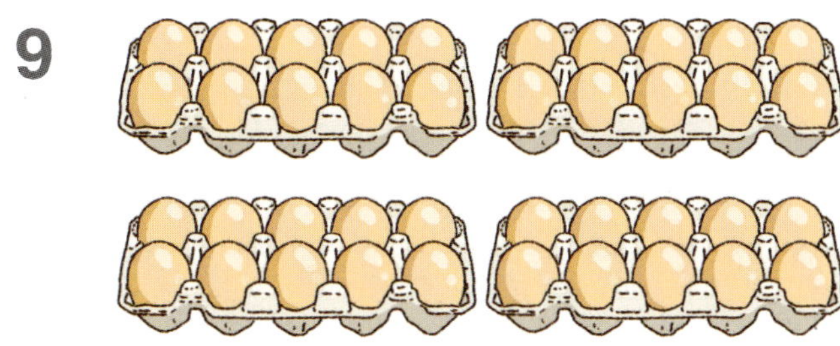

$$40 - 7 = \boxed{}$$

10 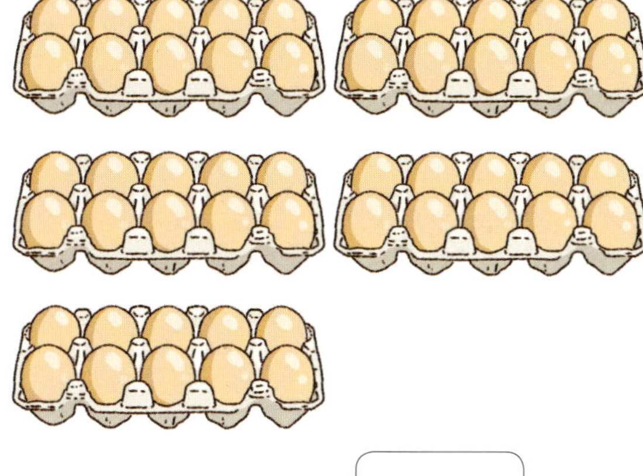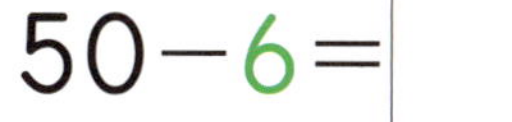

$$50 - 6 = \boxed{}$$

• 빼는 수(초록색 수)만큼 달걀을 /으로 지우고 남은 달걀의 수를 세어 뺄셈을 합니다.

02 몇십에서 빼는 뺄셈 (2)

30－5의 세로셈 계산하기

받아내림하고 남은 수!

십의 자리에서 받아내림한 수!

	2	10
	~~3~~	0
－		5
	2	5

3－1＝2

10－5＝5

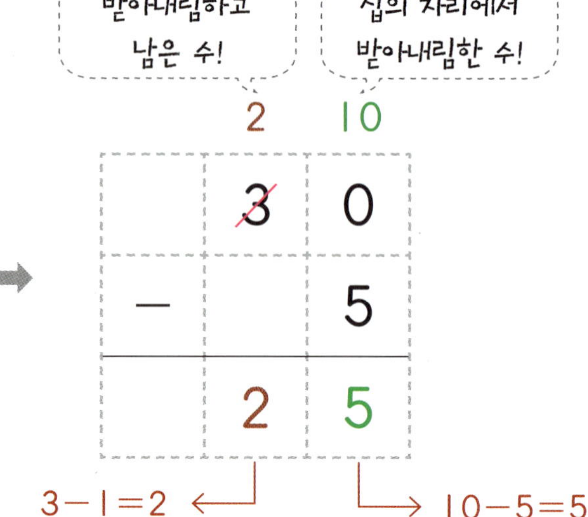

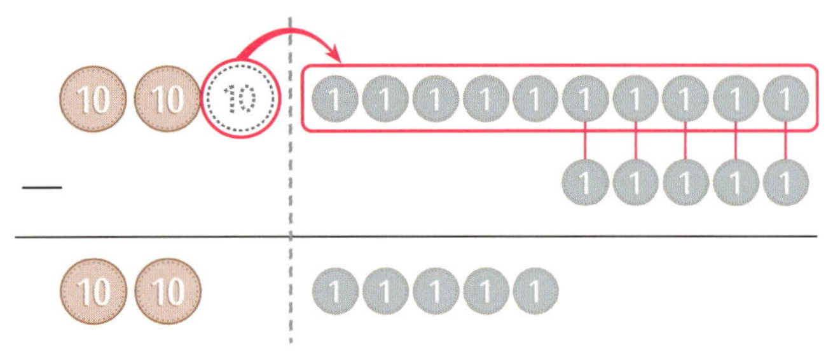

● 뺄셈을 하세요.

1

	1	10
	~~2~~	0
－		4
	1	6

2

	□	□
	2	0
－		7

3

	□	□
	3	0
－		2

4

	□	□
	3	0
－		7

5

	□	□
	4	0
－		6

6

	□	□
	4	0
－		9

● 뺄셈을 하세요.

7

1	10
2	0
−	2
1	8

8

□	□
2	0
−	8

9

□	□
3	0
−	1

10

□	□
3	0
−	6

11

□	□
3	0
−	9

12

□	□
4	0
−	4

13

□	□
4	0
−	7

14

□	□
5	0
−	2

15

□	□
5	0
−	9

· □ 안에 받아내림한 수와 받아내림하고 남은 수를 쓰고 뺄셈을 합니다.

 **40−6의 가로셈과 세로셈**

$$
\begin{array}{cccccc}
 & 3 & 10 & & & \\
 & \cancel{4} & 0 & - & 6 & = & 3 & 4
\end{array}
$$

$$
\begin{array}{rr}
3 & 10 \\
\cancel{4} & 0 \\
-\quad & 6 \\
\hline
3 & 4
\end{array}
$$

● **뺄셈을 하세요.**

1
$$
\begin{array}{r}
2\ 0 \\
-\quad 4 \\
\hline
\end{array}
$$

2
$$
\begin{array}{r}
3\ 0 \\
-\quad 6 \\
\hline
\end{array}
$$

3
$$
\begin{array}{r}
4\ 0 \\
-\quad 3 \\
\hline
\end{array}
$$

4 $20-6=$

5 $30-7=$

6 $40-5=$

7 $50-2=$

 · 가로셈이나 세로셈을 할 때 받아내림을 표시하여 뺄셈을 할 수 있습니다.

8 뺄셈을 하세요.

$$\begin{array}{r} 3\,0 \\ -\ \ 4 \\ \hline \end{array}$$

$$\begin{array}{r} 2\,0 \\ -\ \ 7 \\ \hline \end{array}$$

$$\begin{array}{r} 4\,0 \\ -\ \ 4 \\ \hline \end{array}$$

$$\begin{array}{r} 2\,0 \\ -\ \ 9 \\ \hline \end{array}$$

$30-1=$

$40-2=$

$$\begin{array}{r} 3\,0 \\ -\ \ 7 \\ \hline \end{array}$$

$40-9=$

$$\begin{array}{r} 5\,0 \\ -\ \ 8 \\ \hline \end{array}$$

🌵 /으로 지우고 23−6 계산하기

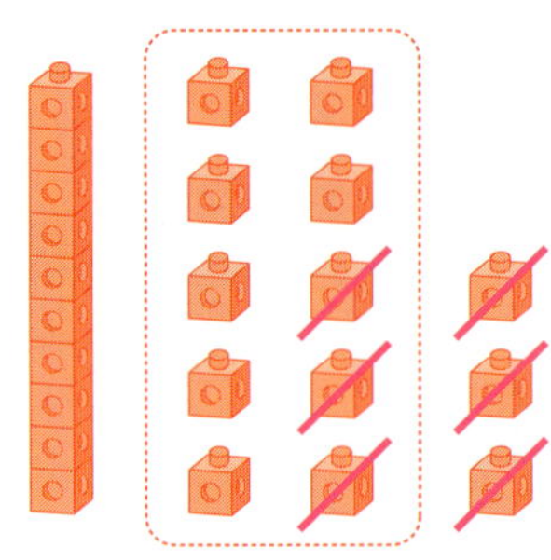

$$23 - 6 = 17$$

● 파란색 수만큼 /으로 지우고 뺄셈을 하세요.

1

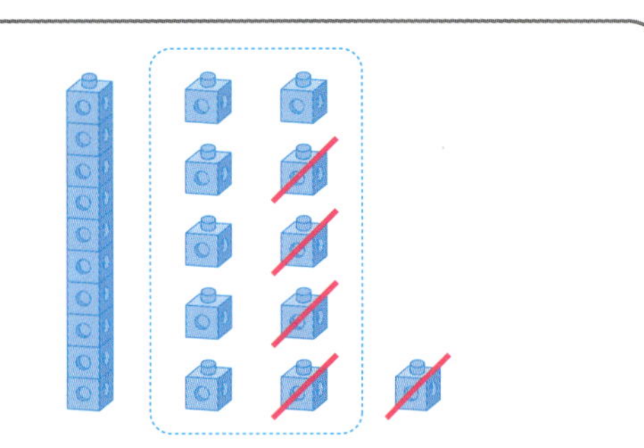

$$21 - 5 = \boxed{16}$$

2

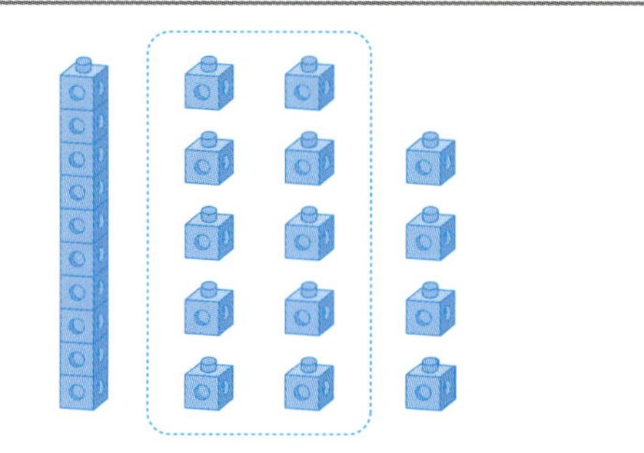

$$24 - 7 = \boxed{}$$

3

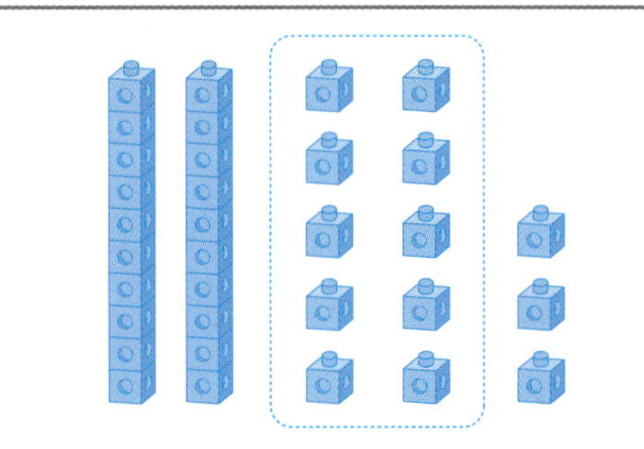

$$33 - 6 = \boxed{}$$

4

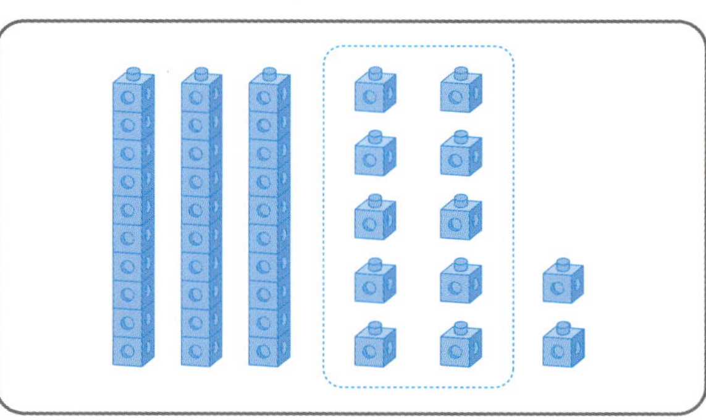

$$42 - 8 = \boxed{}$$

● 초록색 수만큼 달걀을 /으로 지우고 뺄셈을 하세요.

5

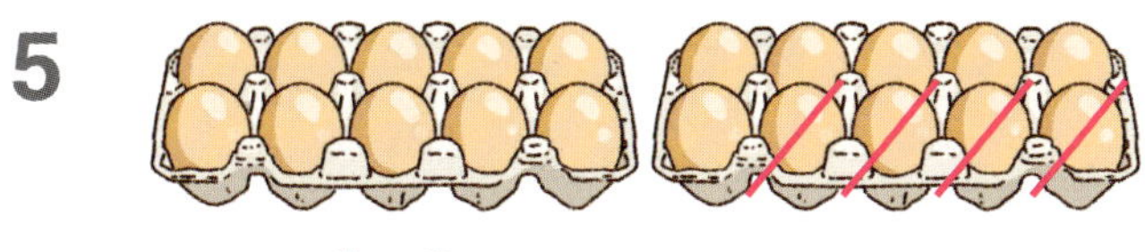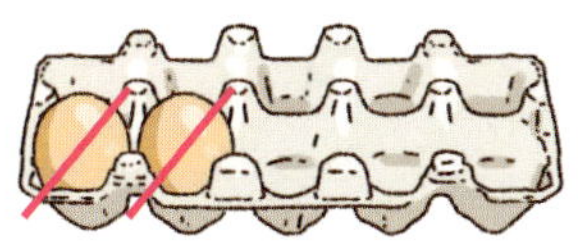

$22 - 6 = \boxed{16}$

6

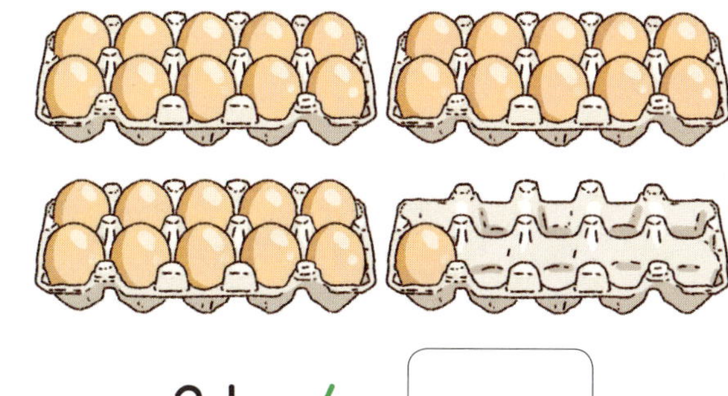

$31 - 4 = \boxed{}$

7

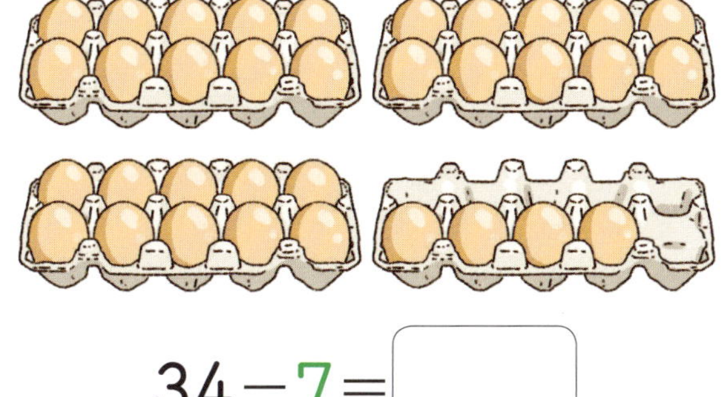

$34 - 7 = \boxed{}$

8

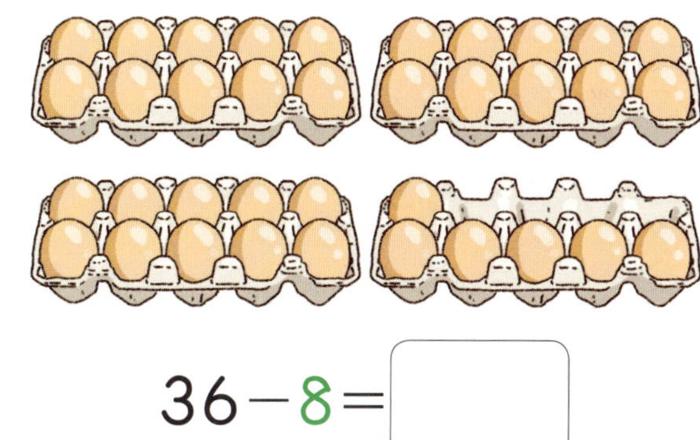

$36 - 8 = \boxed{}$

9

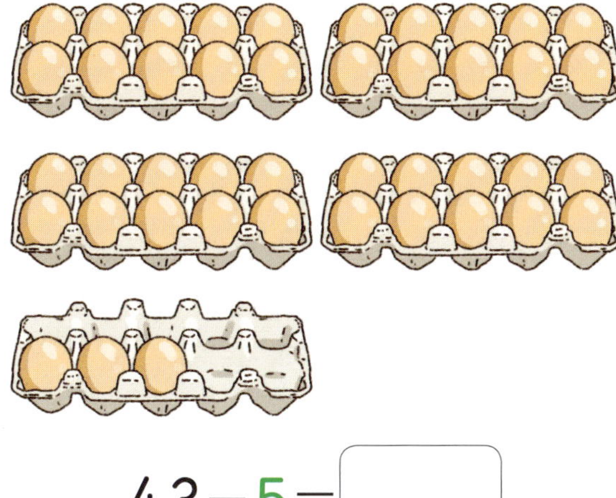

$43 - 5 = \boxed{}$

10

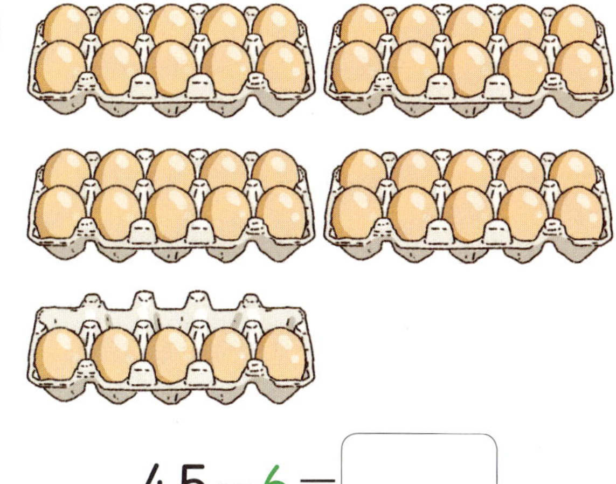

$45 - 6 = \boxed{}$

• 빼는 수(초록색 수)만큼 달걀을 /으로 지우고, 남은 달걀의 수를 세어 뺄셈을 합니다.

05 몇십몇에서 빼는 뺄셈 (2)

🌵 23−6의 세로셈 계산하기

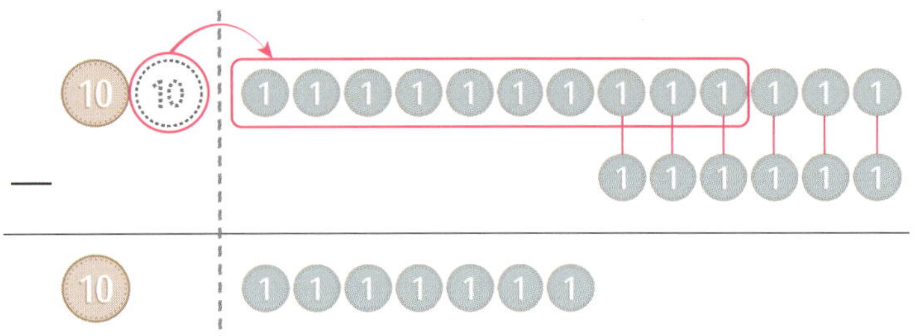

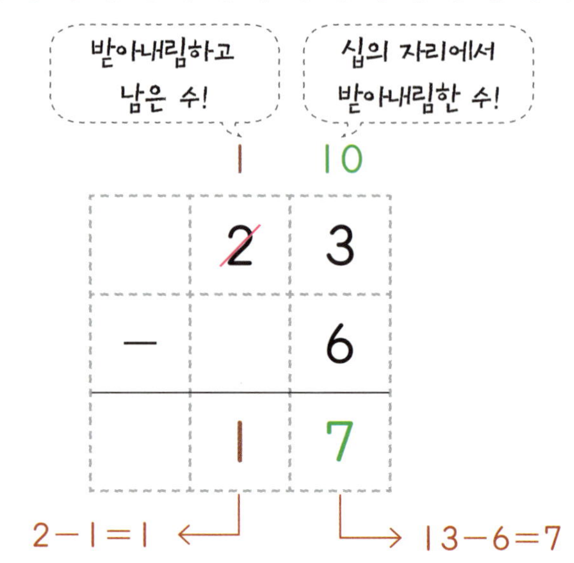

● 뺄셈을 하세요.

1

1	10
2	2
−	4
1	8

2

3	4
−	5

3

4	1
−	3

4

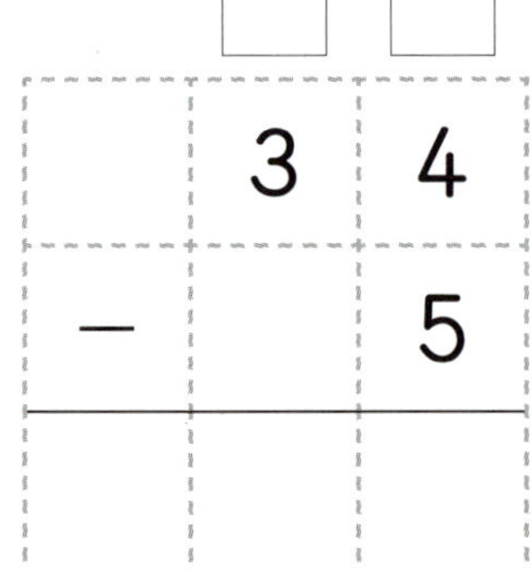

2	5
−	8

5

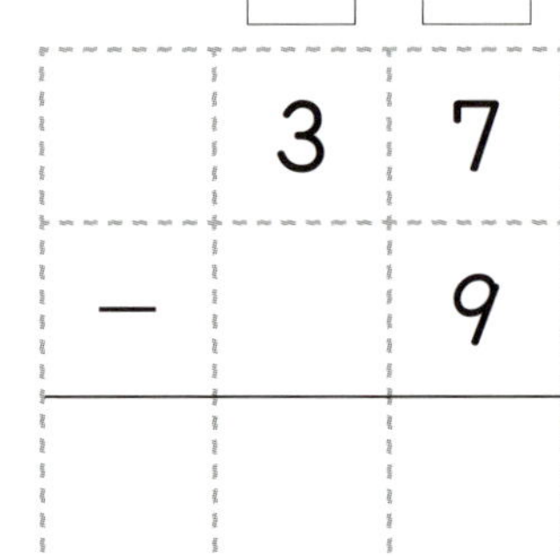

3	7
−	9

6

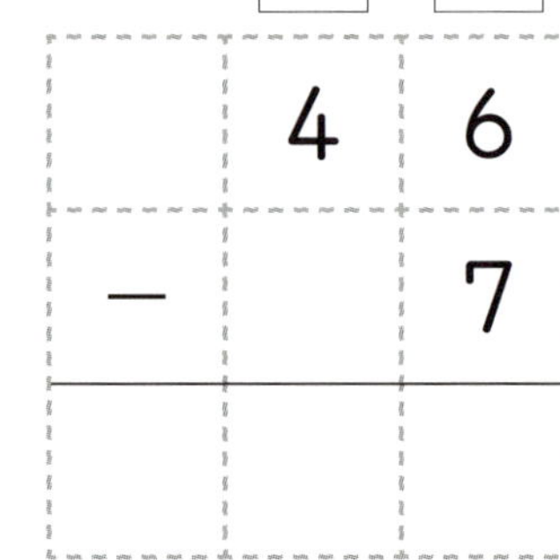

4	6
−	7

● 뺄셈을 하세요.

7
$$\begin{array}{r} 2\ 1 \\ -\ \ \ 4 \\ \hline 1\ 7 \end{array}$$

8
$$\begin{array}{r} 2\ 4 \\ -\ \ \ 5 \\ \hline \end{array}$$

9
$$\begin{array}{r} 2\ 6 \\ -\ \ \ 8 \\ \hline \end{array}$$

10
$$\begin{array}{r} 3\ 2 \\ -\ \ \ 5 \\ \hline \end{array}$$

11
$$\begin{array}{r} 3\ 3 \\ -\ \ \ 7 \\ \hline \end{array}$$

12
$$\begin{array}{r} 3\ 7 \\ -\ \ \ 8 \\ \hline \end{array}$$

13
$$\begin{array}{r} 4\ 3 \\ -\ \ \ 4 \\ \hline \end{array}$$

14
$$\begin{array}{r} 4\ 5 \\ -\ \ \ 8 \\ \hline \end{array}$$

15
$$\begin{array}{r} 4\ 8 \\ -\ \ \ 9 \\ \hline \end{array}$$

꿀 Tip
• □ 안에 받아내림한 수와 받아내림하고 남은 수를 쓰고 뺄셈을 할 수 있습니다.

06 몇십몇에서 빼는 뺄셈(3)

🌵 34−7의 가로셈과 세로셈

$$34 - 7 = 27$$

● 뺄셈을 하세요.

1 21 − 5 =

2 35 − 6 =

3 43 − 5 =

4 24−6=

5 33−5=

6 37−8=

7 46−9=

• 가로셈이나 세로셈을 할 때 받아내림을 표시하여 뺄셈을 할 수 있습니다.

8 뺄셈을 하세요.

● 뺄셈을 하여 빈칸에 알맞은 수를 써 보세요.

1

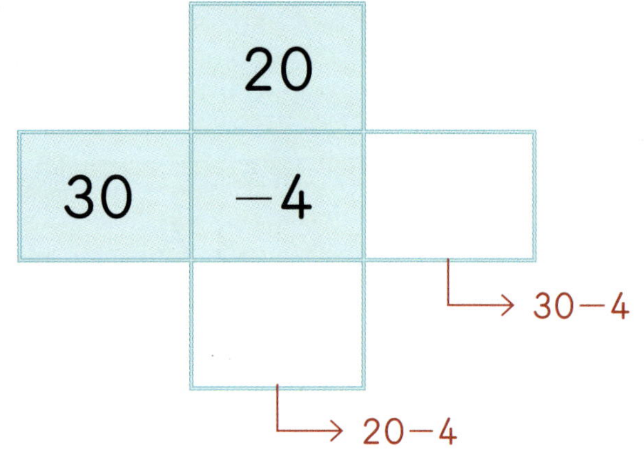

2

3

4

5

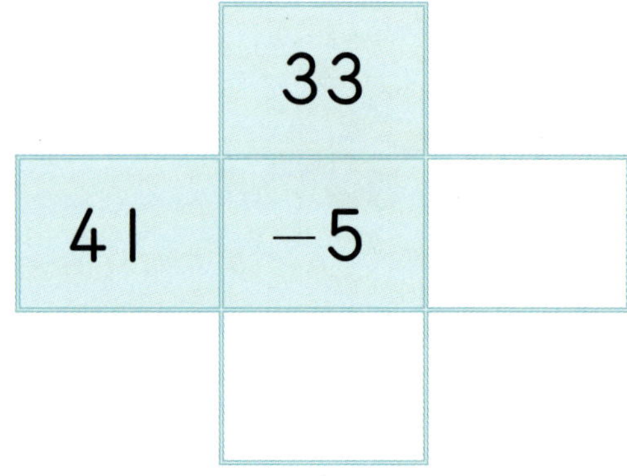

6

7

	50	
40	−3	

8

	30	
20	−5	

9

	42	
50	−4	

10

	45	
32	−6	

11

	32	
41	−7	

12

	40	
33	−8	

08 무엇을 배웠나요? ❷

● 빼셈을 하세요.

1
$$\begin{array}{r} \square\square \\ 2\ 0 \\ -\ \ 3 \\ \hline \square \end{array}$$

2
$$\begin{array}{r} \square\square \\ 2\ 2 \\ -\ \ 6 \\ \hline \square \end{array}$$

3
$$\begin{array}{r} \square\square \\ 2\ 6 \\ -\ \ 8 \\ \hline \square \end{array}$$

4
$$\begin{array}{r} \square\square \\ 3\ 0 \\ -\ \ 9 \\ \hline \square \end{array}$$

5
$$\begin{array}{r} \square\square \\ 3\ 4 \\ -\ \ 6 \\ \hline \square \end{array}$$

6
$$\begin{array}{r} \square\square \\ 3\ 5 \\ -\ \ 8 \\ \hline \square \end{array}$$

7
$$\begin{array}{r} \square\square \\ 3\ 0 \\ -\ \ 6 \\ \hline \square \end{array}$$

8
$$\begin{array}{r} \square\square \\ 2\ 3 \\ -\ \ 7 \\ \hline \square \end{array}$$

9
$$\begin{array}{r} \square\square \\ 2\ 4 \\ -\ \ 9 \\ \hline \square \end{array}$$

10
$$\begin{array}{r} \square\square \\ 2\ 0 \\ -\ \ 1 \\ \hline \square \end{array}$$

11
$$\begin{array}{r} \square\square \\ 3\ 1 \\ -\ \ 3 \\ \hline \square \end{array}$$

12
$$\begin{array}{r} \square\square \\ 4\ 6 \\ -\ \ 9 \\ \hline \square \end{array}$$

● 뺄셈을 하세요.

13 30−7=

14 23−7=

15 31−5=

16 42−3=

17 24−6=

18 31−2=

19 40−4=

20 33−7=

21 21−9=

22 46−8=

💡 선물을 찾아라!

♣ 물건에 쓰여있는 식을 계산해서 답이 **30**이 되는 물건에 ⭕표 하세요. ⭕표 한 물건이 선물이에요.

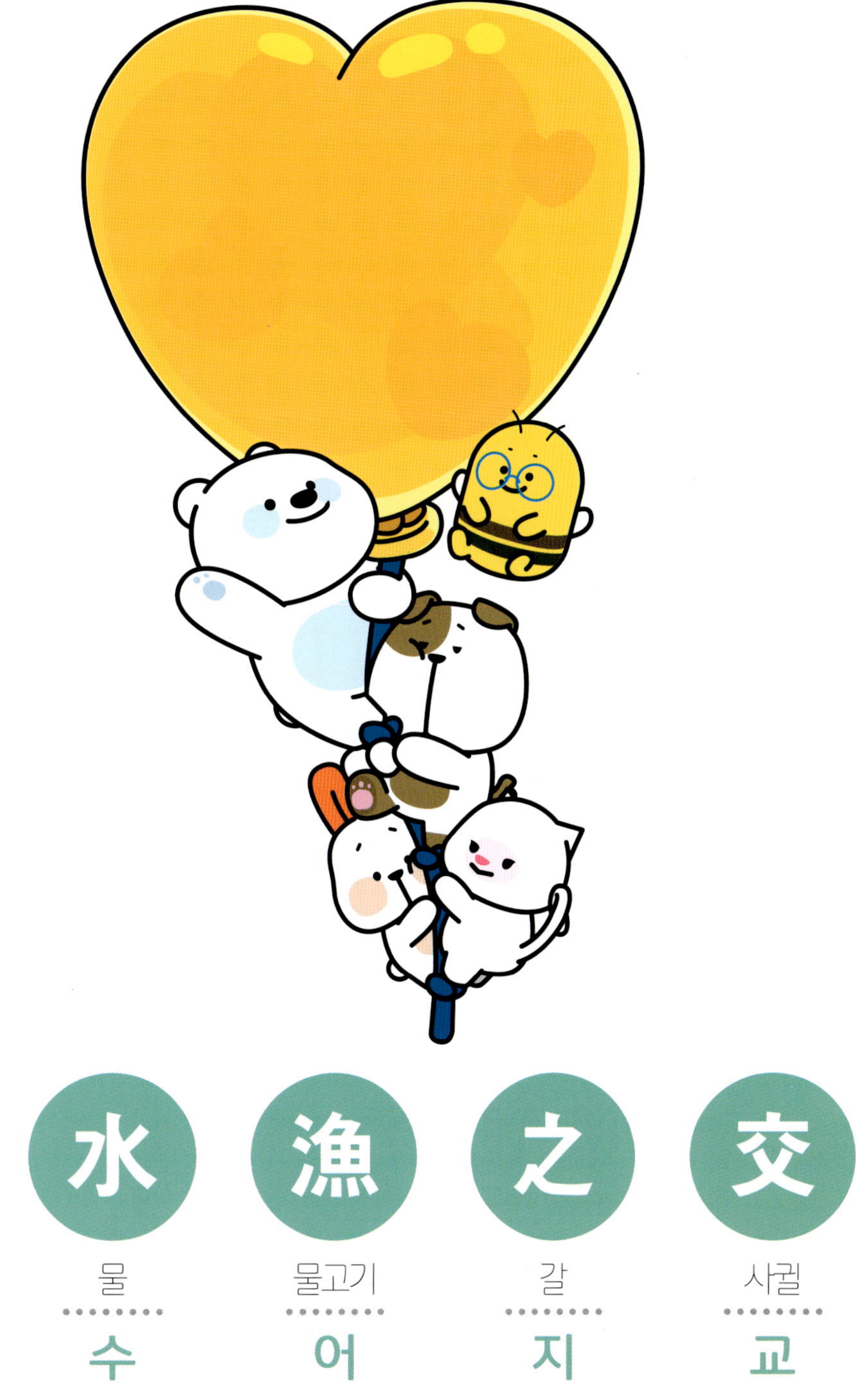

水 漁 之 交
물 물고기 갈 사귈
수 어 지 교

물고기에게 물은 정말 소중한 존재이지요.
수어지교란 물고기와 물의 관계처럼,
아주 친밀하여 떨어질 수 없는 사이
또는 깊은 우정을 일컫는 말이랍니다.

천재교육

정답 및 풀이 포인트 3가지

▶ 쉽게 찾을 수 있는 정답

▶ 알아보기 쉽게 정리된 정답

▶ 혼자서도 이해할 수 있는 친절한 문제 풀이

01 (몇십)+(몇십) 세로셈

🌱 20+30의 세로셈 계산하기

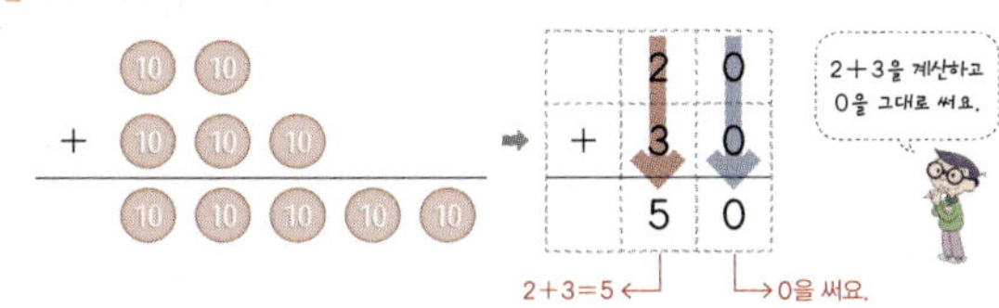

● 덧셈을 하세요.

1
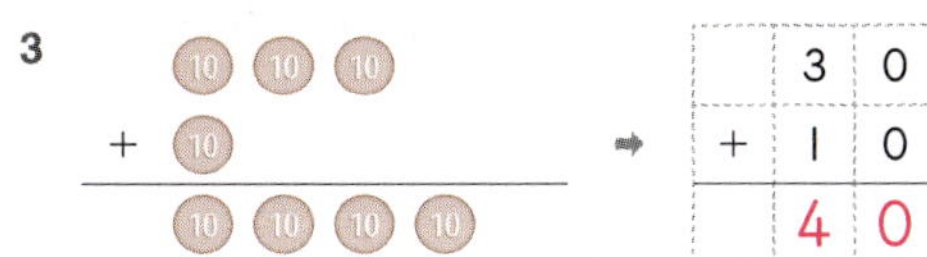

	1	0
+	4	0
	5	**0**

2

	2	0
+	2	0
	4	**0**

3

	3	0
+	1	0
	4	**0**

● 덧셈을 하세요.

4
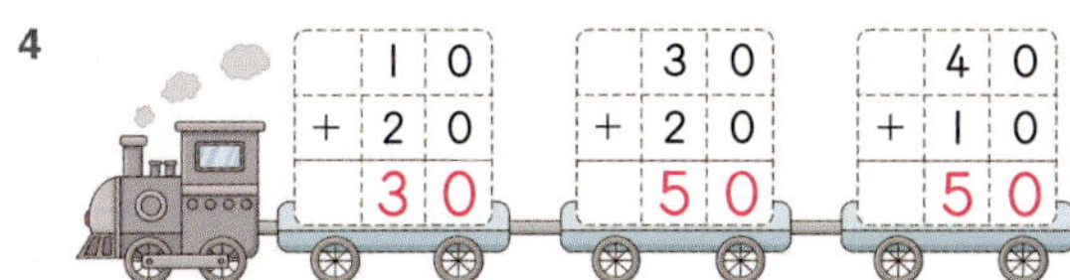

	1	0			3	0			4	0
+	2	0		+	2	0		+	1	0
	3	**0**			**5**	**0**			**5**	**0**

5
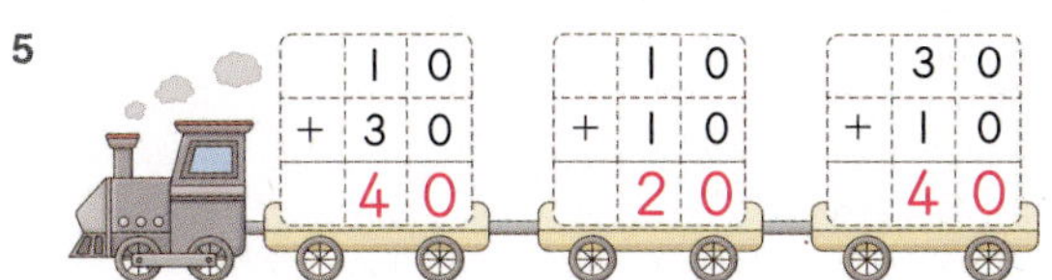

	1	0			1	0			3	0
+	3	0		+	1	0		+	1	0
	4	**0**			**2**	**0**			**4**	**0**

6
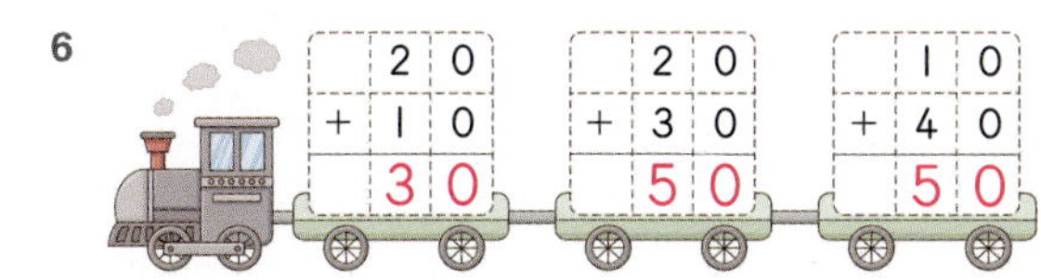

	2	0			2	0			1	0
+	1	0		+	3	0		+	4	0
	3	**0**			**5**	**0**			**5**	**0**

꿀팁 Tip · (몇십)+(몇십)의 세로셈에서 십의 자리는 십의 자리 수끼리 더하여 쓰고 일의 자리에는 0을 씁니다.

---

02 (몇십)+(몇십) 가로셈

🌱 20+30의 가로셈 계산하기

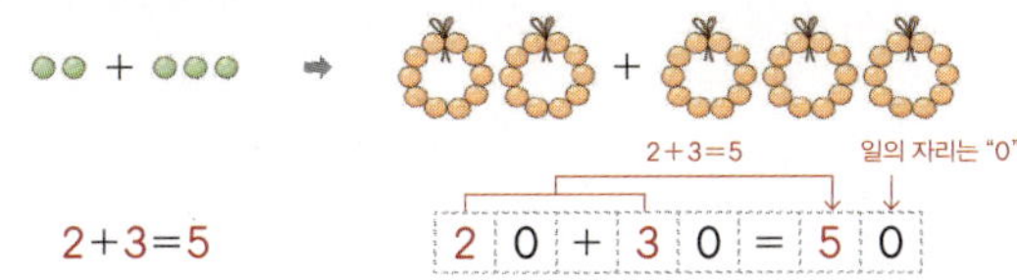

2+3=5

2 0 + 3 0 = 5 0

● 덧셈을 하세요.

1

1+2= **3**

1 0 + 2 0 = **30**

2
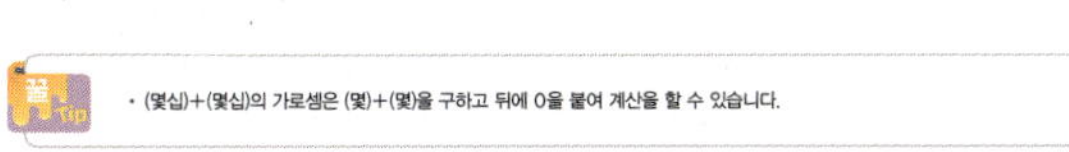

2+2= **4**

2 0 + 2 0 = **40**

꿀팁 Tip · (몇십)+(몇십)의 가로셈은 (몇)+(몇)을 구하고 뒤에 0을 붙여 계산을 할 수 있습니다.

3 덧셈을 하여 알맞은 답을 찾아 길을 따라가 보세요.

03 (몇십몇)+(몇십) 세로셈

🌵 14+20의 세로셈 계산하기

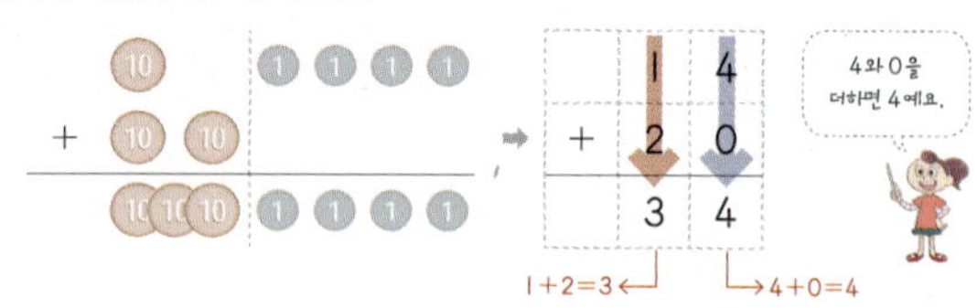

● 덧셈을 하세요.

1
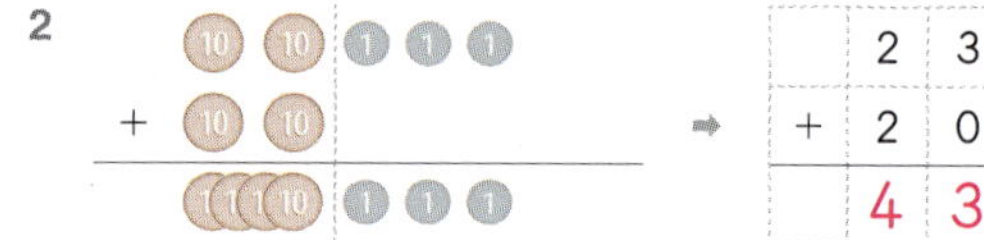
```
  2 5
+ 1 0
─────
  3 5
```

2
```
  2 3
+ 2 0
─────
  4 3
```

3
```
  1 4
+ 3 0
─────
  4 4
```

● 덧셈을 하세요.

4
```
  1 7
+ 3 0
─────
  4 7
```

5
```
  2 6
+ 1 0
─────
  3 6
```

6
```
  1 2
+ 1 0
─────
  2 2
```

7
```
  1 5
+ 3 0
─────
  4 5
```

8
```
  1 1
+ 1 0
─────
  2 1
```

9
```
  2 3
+ 1 0
─────
  3 3
```

10
```
  3 8
+ 1 0
─────
  4 8
```

11
```
  2 4
+ 1 0
─────
  3 4
```

12
```
  1 8
+ 3 0
─────
  4 8
```

꿀팁
• (몇십몇)+(몇십)의 세로셈은 자리를 맞추어 쓰고 같은 자리 수끼리 더하여 계산을 할 수 있습니다.
• (몇)+0은 아무것도 없는 0을 더했으므로 몇이 됩니다.

04 (몇십몇)+(몇십) 가로셈

🌵 14+20의 가로셈 계산하기

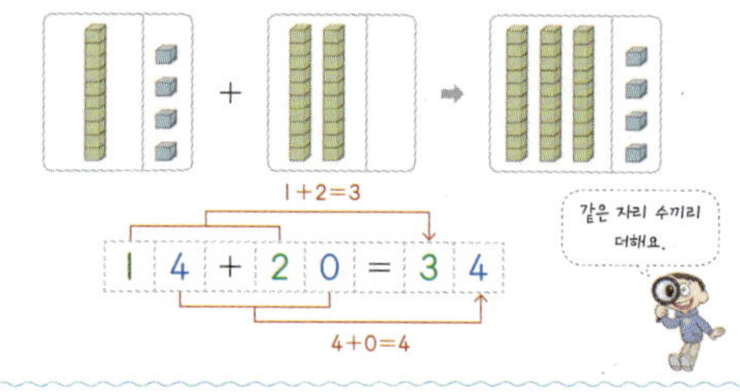

● 덧셈을 하세요.

1
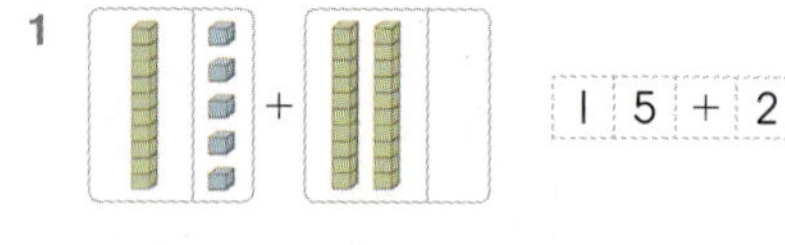
$$15 + 20 = 35$$

2
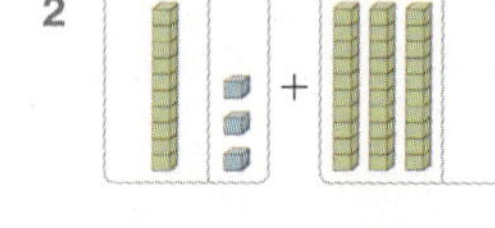
$$13 + 30 = 43$$

3
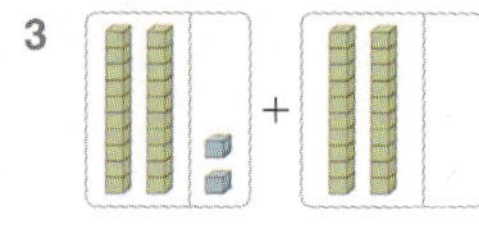
$$22 + 20 = 42$$

● 덧셈을 하세요.

4

$$15 + 10 = 25$$

5
$$21 + 20 = 41$$

6

$$17 + 10 = 27$$

7
$$28 + 10 = 38$$

8

$$32 + 10 = 42$$

9
$$19 + 30 = 49$$

10

$$21 + 10 = 31$$

11
$$18 + 10 = 28$$

꿀팁
• (몇십몇)+(몇십)의 가로셈은 십의 자리 수끼리, 일의 자리 수끼리 각각 더하여 계산할 수 있습니다.
• 어떤 수에 아무것도 없는 0을 더하면 그대로 어떤 수가 됩니다.

05 (두 자리 수)+(두 자리 수) 세로셈

🌱 21+13의 세로셈 계산하기

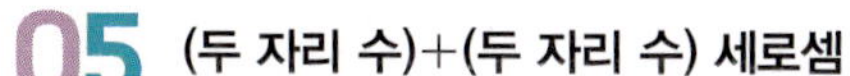

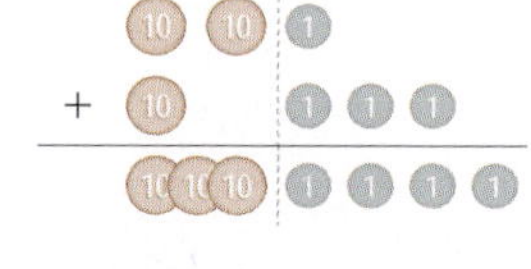
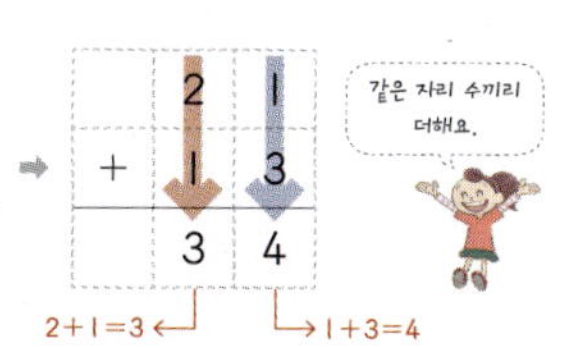

$2+1=3$ $1+3=4$

● 덧셈을 하세요.

1
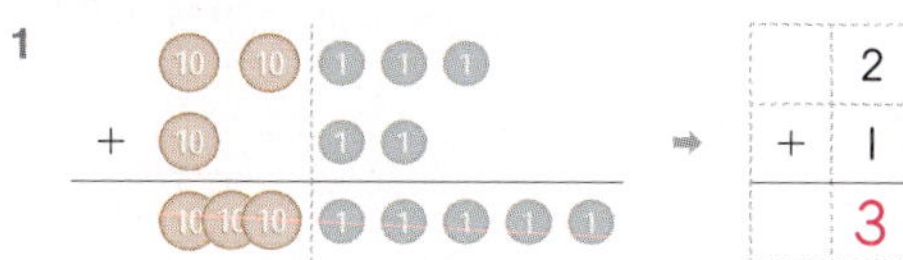

⇒
```
  2 3
+ 1 2
─────
  3 5
```

2
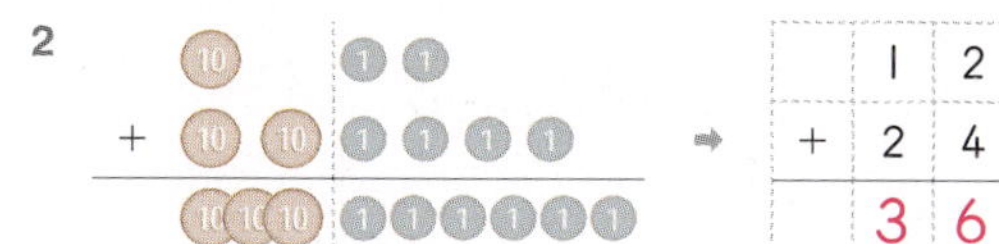

⇒
```
  1 2
+ 2 4
─────
  3 6
```

3
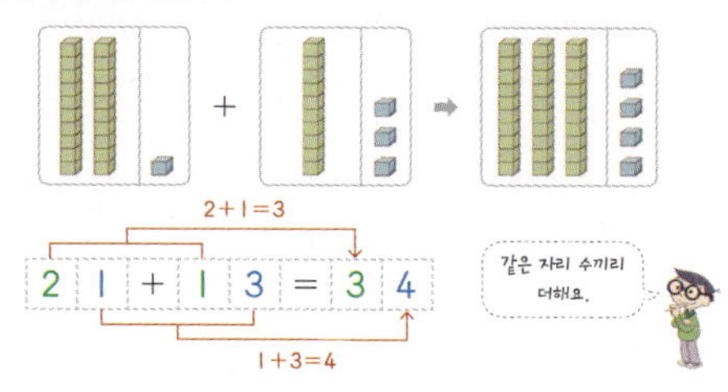

⇒
```
  2 3
+ 2 2
─────
  4 5
```

날짜 월 일 확인

● 덧셈을 하세요.

4
```
  1 4
+ 1 3
─────
  2 7
```

5
```
  2 4
+ 1 5
─────
  3 9
```

6
```
  1 1
+ 3 5
─────
  4 6
```

7
```
  1 4
+ 2 4
─────
  3 8
```

8
```
  1 5
+ 1 2
─────
  2 7
```

9
```
  3 1
+ 1 3
─────
  4 4
```

10
```
  1 6
+ 1 2
─────
  2 8
```

11
```
  2 3
+ 1 1
─────
  3 4
```

12
```
  2 1
+ 2 7
─────
  4 8
```

🐤Tip · (두 자리 수)+(두 자리 수)의 세로셈은 십의 자리 수끼리, 일의 자리 수끼리 자리를 맞추어 쓰고 같은 자리 수끼리 더하여 계산을 할 수 있습니다.

06 (두 자리 수)+(두 자리 수) 가로셈

🌱 21+13의 가로셈 계산하기

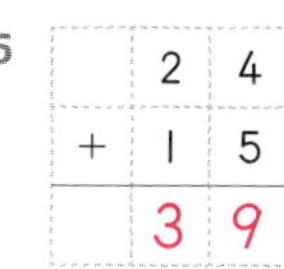
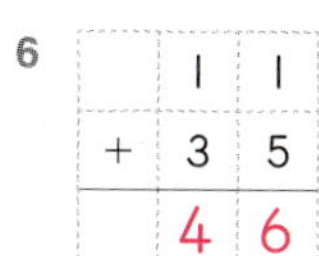

$2+1=3$

$2\ 1 + 1\ 3 = 3\ 4$

$1+3=4$

날짜 월 일 확인

● 덧셈을 하세요.

1

$2\ 4 + 1\ 2 = 3\ 6$

2

$1\ 5 + 1\ 1 = 2\ 6$

3

$2\ 3 + 2\ 4 = 4\ 7$

● 덧셈을 하세요.

4

5

6

7

8

9

10

11

🐤Tip · (두 자리 수)+(두 자리 수)의 가로셈은 십의 자리 수끼리, 일의 자리 수끼리 각각 더하여 계산을 할 수 있습니다.

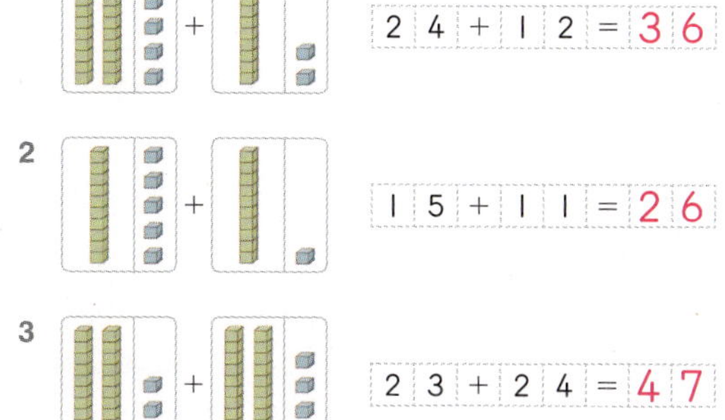

07 (두 자리 수)+(두 자리 수)의 계산

🌱 24+13의 가로셈과 세로셈

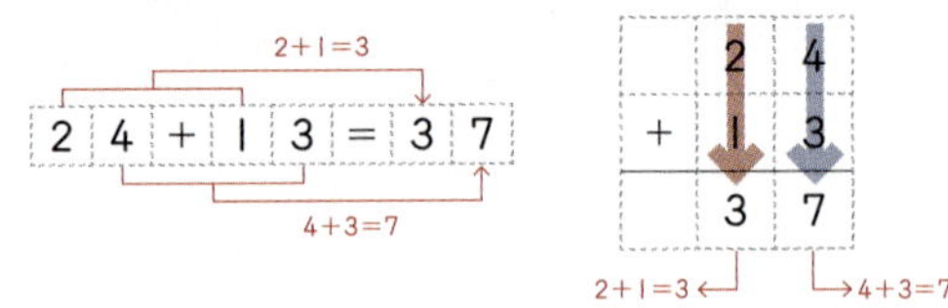

● 덧셈을 하세요.

1 10+30= 40

2 12+10= 22

3 26+11= 37

4 15+34= 49

5
```
   16
 +10
 ----
   26
```

6
```
   12
 +26
 ----
   38
```

7
```
   35
 +13
 ----
   48
```

> 📙 Tip · (두 자리 수)+(두 자리 수)의 계산은 십의 자리는 십의 자리 수끼리, 일의 자리는 일의 자리 수끼리 더하여 계산을 할 수 있습니다.

8 덧셈을 하세요.

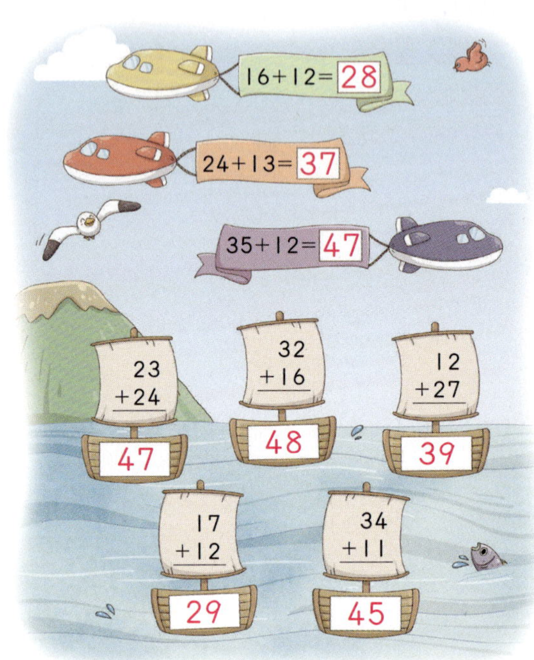

08 무엇을 배웠나요? ❶

● 덧셈을 하세요.

1 20 + 10 = 30

2 10 + 10 = 20

3 16 + 20 = 36

4 23 + 20 = 43

5 13 + 13 = 26

6 34 + 12 = 46

10 10 + 30 = 40

11 40 + 10 = 50

12 27 + 10 = 37

13 12 + 20 = 32

14 30 + 17 = 47

15 15 + 12 = 27

7
```
   25
 +20
 ----
   45
```

8
```
   32
 +16
 ----
   48
```

9
```
   16
 +21
 ----
   37
```

16
```
   21
 +17
 ----
   38
```

17
```
   23
 +26
 ----
   49
```

18
```
   33
 +13
 ----
   46
```

09 무엇을 배웠나요? ❷

날짜   월   일   확인

● 덧셈을 하세요.

1
```
  16
+ 12
────
  28
```

2
```
  23
+ 14
────
  37
```

3
```
  33
+ 12
────
  45
```

4
```
  24
+ 15
────
  39
```

5
```
  36
+ 11
────
  47
```

6
```
  31
+ 20
────
  51
```

7
```
  11
+ 14
────
  25
```

8
```
  25
+ 13
────
  38
```

9
```
  35
+ 14
────
  49
```

10
```
  11
+ 35
────
  46
```

11
```
  15
+ 31
────
  46
```

12
```
  22
+ 15
────
  37
```

13 14+10= 24

14 26+20= 46

15 13+24= 37

16 15+13= 28

17 15+10= 25

18 22+20= 42

19 12+24= 36

20 14+15= 29

21 27+11= 38

22 32+17= 49

01 (몇십)−(몇십) 세로셈

🌵 30−10의 세로셈 계산하기

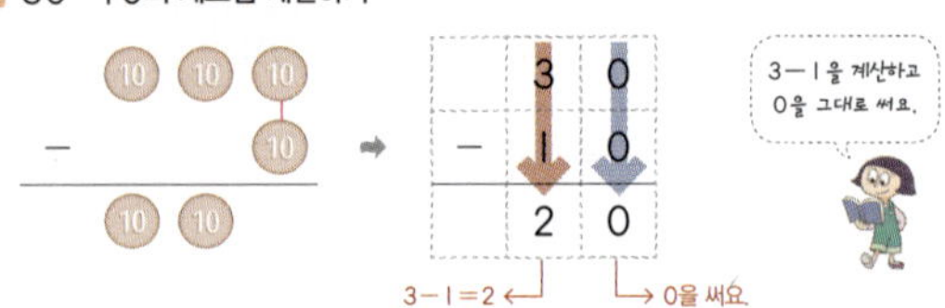

● 뺄셈을 하세요.

1
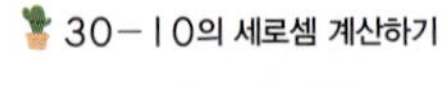

	5	0
−	3	0
	2	0

2

	4	0
−	2	0
	2	0

3

	5	0
−	4	0
	1	0

● 뺄셈을 하세요.

4

4	0
−3	0
10	

5

2	0
−1	0
10	

6

5	0
−2	0
30	

7

3	0
−2	0
10	

8

5	0
−1	0
40	

9

4	0
−2	0
20	

10

4	0
−1	0
30	

11

5	0
−3	0
20	

12

3	0
−1	0
20	

· (몇십)−(몇십)의 세로셈에서 십의 자리는 십의 자리 수끼리 빼서 쓰고 일의 자리에는 0을 씁니다.

---

02 (몇십)−(몇십) 가로셈

🌵 30−10의 가로셈 계산하기

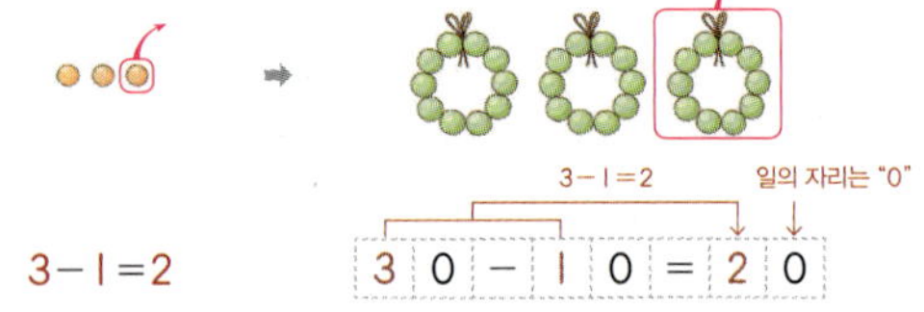

$3-1=2$

● 뺄셈을 하세요.

1

$5-2=\boxed{3}$

5 0 − 2 0 = **3 0**

2
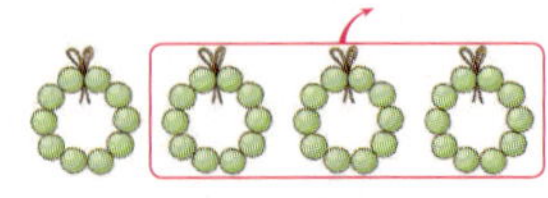

$4-3=\boxed{1}$

4 0 − 3 0 = **1 0**

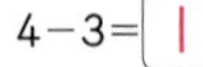
· (몇십)−(몇십)의 가로셈은 (몇)−(몇)을 구하고 뒤에 0을 붙여 계산을 할 수 있습니다.

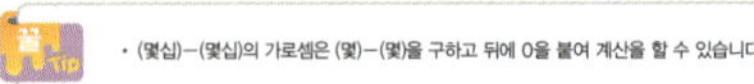

3 뺄셈을 하여 알맞은 답을 찾아 길을 따라가 보세요.

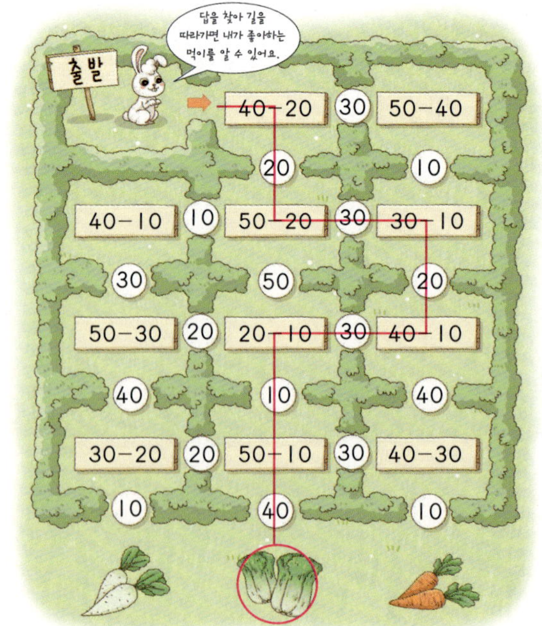

03 (몇십몇)−(몇십) 세로셈

🌱 24−10의 세로셈 계산하기

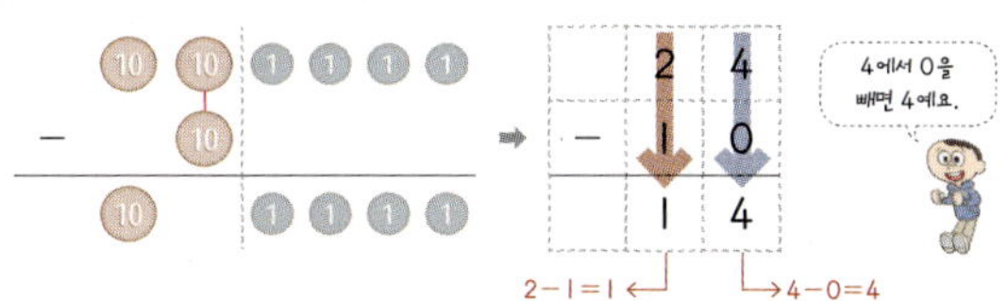

2−1=1　　4−0=4

● 뺄셈을 하세요.

1
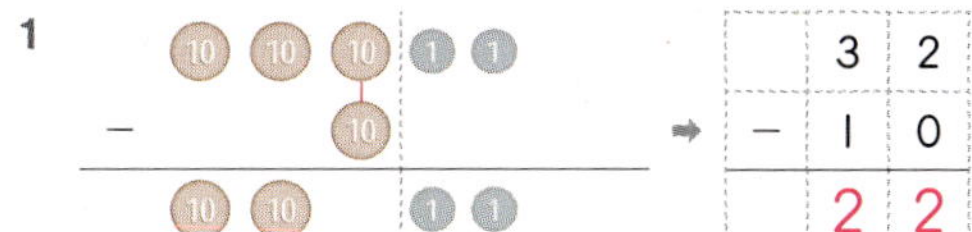

	3	2
−	1	0
	2	2

2
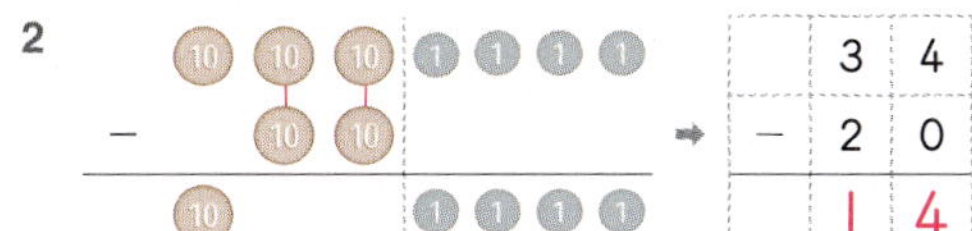

	3	4
−	2	0
	1	4

3
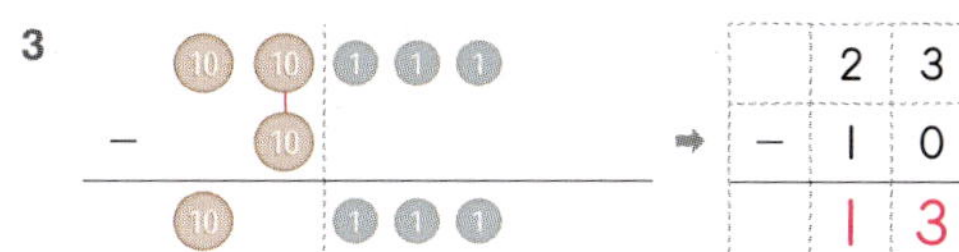

	2	3
−	1	0
	1	3

4 뺄셈을 하세요.

• (몇십몇)−(몇십)의 세로셈은 자리를 맞추어 쓰고 같은 자리 수끼리 빼서 계산할 수 있습니다.
• (몇)−0은 아무것도 없는 0을 뺐으므로 몇이 됩니다.

---

04 (몇십몇)−(몇십) 가로셈

🌱 24−10의 가로셈 계산하기

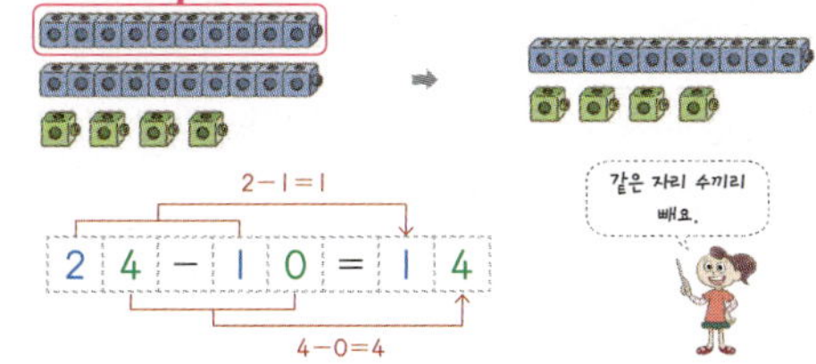

2−1=1

$2\ 4 - 1\ 0 = 1\ 4$

4−0=4

● 뺄셈을 하세요.

1
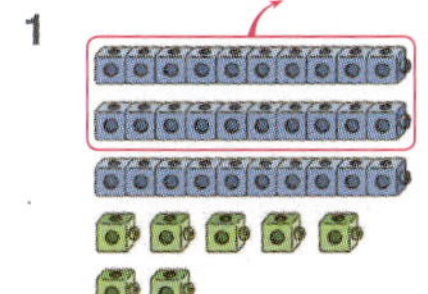

$3\ 7 - 2\ 0 = 1\ 7$

2
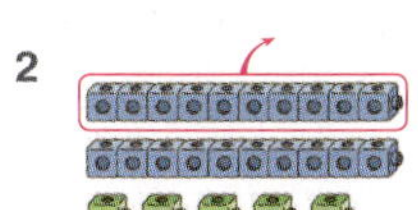

$2\ 5 - 1\ 0 = 1\ 5$

● 뺄셈을 하세요.

3 32−20= 12 　← 초록색

4 27−10= 17 　← 주황색

5 49−30= 19 　← 보라색

6 36−10= 26 　← 파란색

7 45−20= 25

8 45−10= 35

9 39−10= 29

10 34−20= 14

• (몇십몇)−(몇십)의 가로셈은 십의 자리 수끼리, 일의 자리 수끼리 각각 빼서 계산을 할 수 있습니다.
• 어떤 수에서 아무것도 없는 0을 빼면 그대로 어떤 수가 됩니다.

05 (두 자리 수)−(두 자리 수) 세로셈

🌱 24−12의 세로셈 계산하기

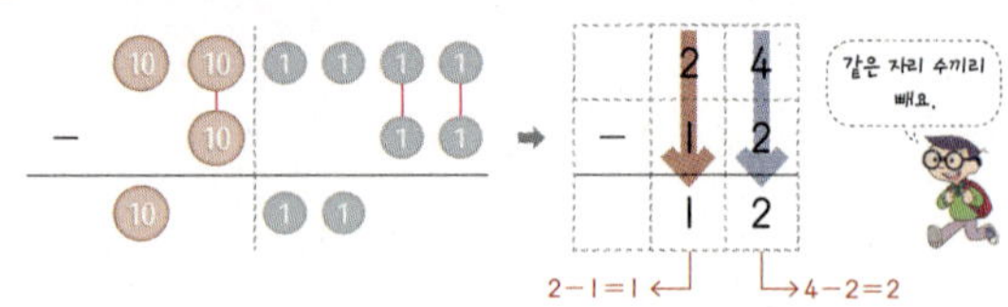

● 뺄셈을 하세요.

1
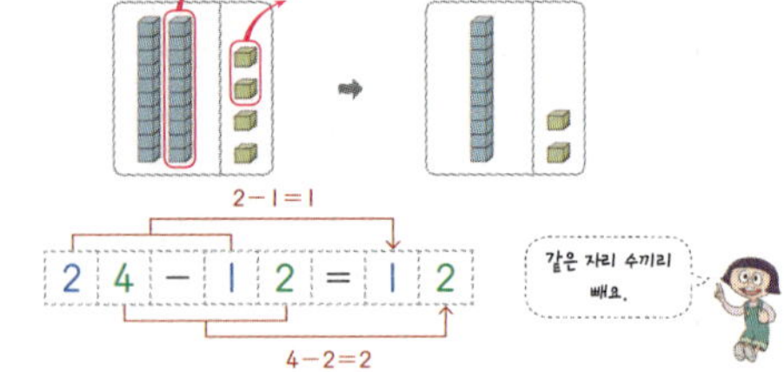
$$\begin{array}{ccc} & 3 & 4 \\ - & 1 & 3 \\ \hline & 2 & 1 \end{array}$$

2
$$\begin{array}{ccc} & 4 & 4 \\ - & 2 & 1 \\ \hline & 2 & 3 \end{array}$$

3
$$\begin{array}{ccc} & 3 & 5 \\ - & 2 & 2 \\ \hline & 1 & 3 \end{array}$$

● 뺄셈을 하세요.

4
$$\begin{array}{ccc} & 4 & 3 \\ - & 3 & 1 \\ \hline & 1 & 2 \end{array}$$

5
$$\begin{array}{ccc} & 2 & 8 \\ - & 1 & 4 \\ \hline & 1 & 4 \end{array}$$

6
$$\begin{array}{ccc} & 3 & 6 \\ - & 2 & 2 \\ \hline & 1 & 4 \end{array}$$

7
$$\begin{array}{ccc} & 3 & 7 \\ - & 1 & 5 \\ \hline & 2 & 2 \end{array}$$

8
$$\begin{array}{ccc} & 4 & 9 \\ - & 1 & 3 \\ \hline & 3 & 6 \end{array}$$

9
$$\begin{array}{ccc} & 4 & 5 \\ - & 2 & 3 \\ \hline & 2 & 2 \end{array}$$

10
$$\begin{array}{ccc} & 4 & 8 \\ - & 1 & 6 \\ \hline & 3 & 2 \end{array}$$

11
$$\begin{array}{ccc} & 2 & 4 \\ - & 1 & 3 \\ \hline & 1 & 1 \end{array}$$

12
$$\begin{array}{ccc} & 4 & 4 \\ - & 1 & 2 \\ \hline & 3 & 2 \end{array}$$

🌼 Tip · (두 자리 수)−(두 자리 수)의 세로셈은 십의 자리 수끼리, 일의 자리 수끼리 자리를 맞추어 쓰고 같은 자리 수끼리 빼서 계산을 할 수 있습니다.

---

06 (두 자리 수)−(두 자리 수) 가로셈

🌱 24−12의 가로셈 계산하기

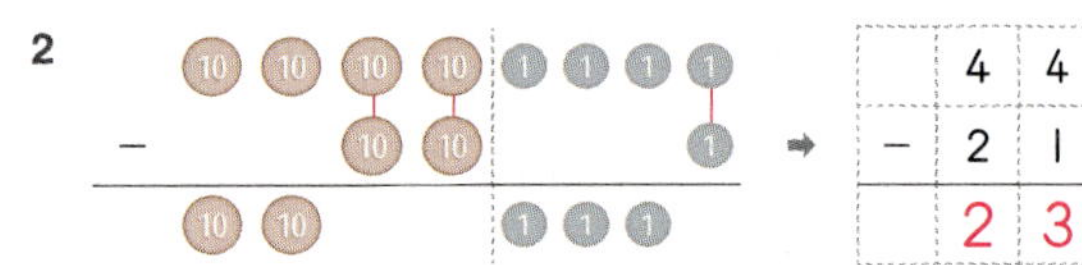

● 뺄셈을 하세요.

1
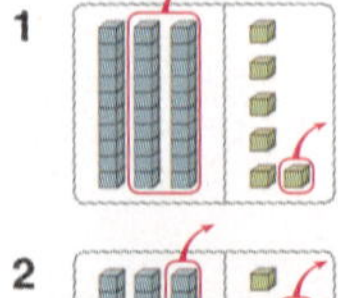
$$3 6 - 2 1 = 1 5$$

2
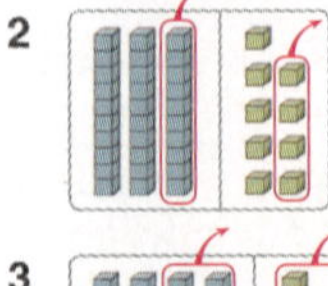
$$3 9 - 1 4 = 2 5$$

3
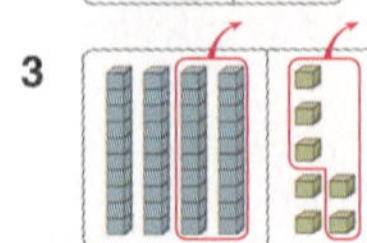
$$4 7 - 2 5 = 2 2$$

● 뺄셈을 하세요.

4

5

6

7

8

9

10

11

🌼 Tip · (두 자리 수)−(두 자리 수)의 가로셈은 십의 자리 수끼리, 일의 자리 수끼리 각각 빼서 계산을 할 수 있습니다.

07 (두 자리 수)−(두 자리 수)의 계산

🌱 35−23의 가로셈과 세로셈

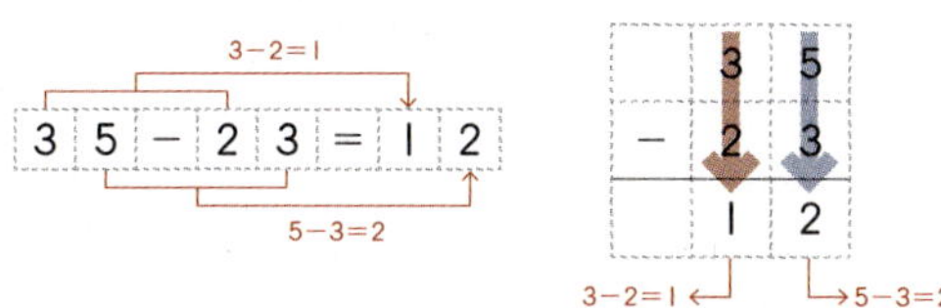

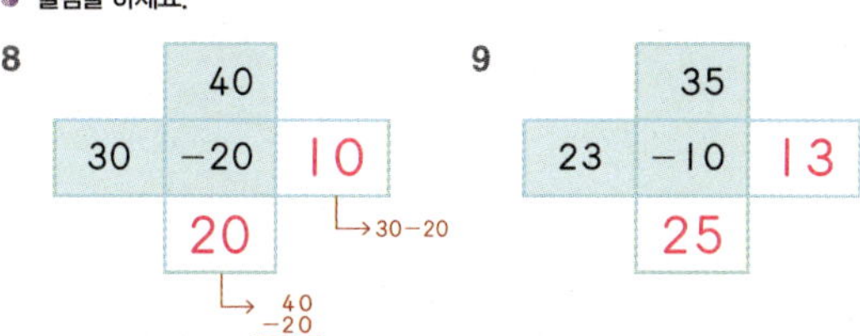

● 뺄셈을 하세요.

1 50−40= 10

2 32−10= 22

3 48−23= 25

4 39−17= 22

5 44
  −30
  14

6 46
  −15
  31

7 37
  −23
  14

 • (두 자리 수)−(두 자리 수)의 계산은 십의 자리는 십의 자리 수끼리, 일의 자리는 일의 자리 수끼리 빼서 계산을 할 수 있습니다.

● 뺄셈을 하세요.

8 40 30 −20 10 20 →30−20
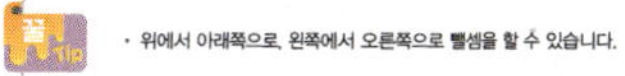

9 35 23 −10 13 25

10 47 36 −10 26 37

11 34 48 −21 27 13

12 36 27 −14 13 22

13 45 38 −13 25 32

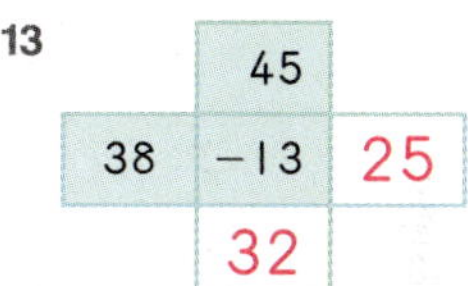 • 위에서 아래쪽으로, 왼쪽에서 오른쪽으로 뺄셈을 할 수 있습니다.

08 무엇을 배웠나요? ❶

● 뺄셈을 하세요.

1 40 − 20 = 20

2 30 − 10 = 20

3 42 − 30 = 12

4 38 − 20 = 18

5 27 − 15 = 12

6 45 − 12 = 33

7 50 − 40 = 10

8 34 − 13 = 21

9 45 − 10 = 35

10 48 − 25 = 23

11 30 − 20 = 10

12 40 − 10 = 30

13 34 − 20 = 14

14 29 − 10 = 19

15 43 − 22 = 21

16 48 − 16 = 32

17 35 − 15 = 20

18 36 − 21 = 15

19 47 − 17 = 30

20 49 − 13 = 36

09 무엇을 배웠나요? ❷

● 뺄셈을 하세요.

1 27 − 16 = 11

2 34 − 12 = 22

3 46 − 20 = 26

4 25 − 12 = 13

5 29 − 14 = 15

6 38 − 11 = 27

7 36 − 20 = 16

8 44 − 10 = 34

9 27 − 13 = 14

10 47 − 24 = 23

11 38 − 26 = 12

12 49 − 35 = 14

13 50−20= 30

14 40−30= 10

15 44−20= 24

16 26−12= 14

17 50−10= 40

18 48−31= 17

19 45−11= 34

20 39−26= 13

21 32−10= 22

22 47−21= 26

48~49쪽

01 10 모으기 (1)

🌱 그림을 보고 두 수를 모으기

● 그림을 보고 두 수를 모으기 해 보세요.

● 모아서 10이 되도록 빈칸에 ◯를 그리고 알맞은 수를 써 보세요.

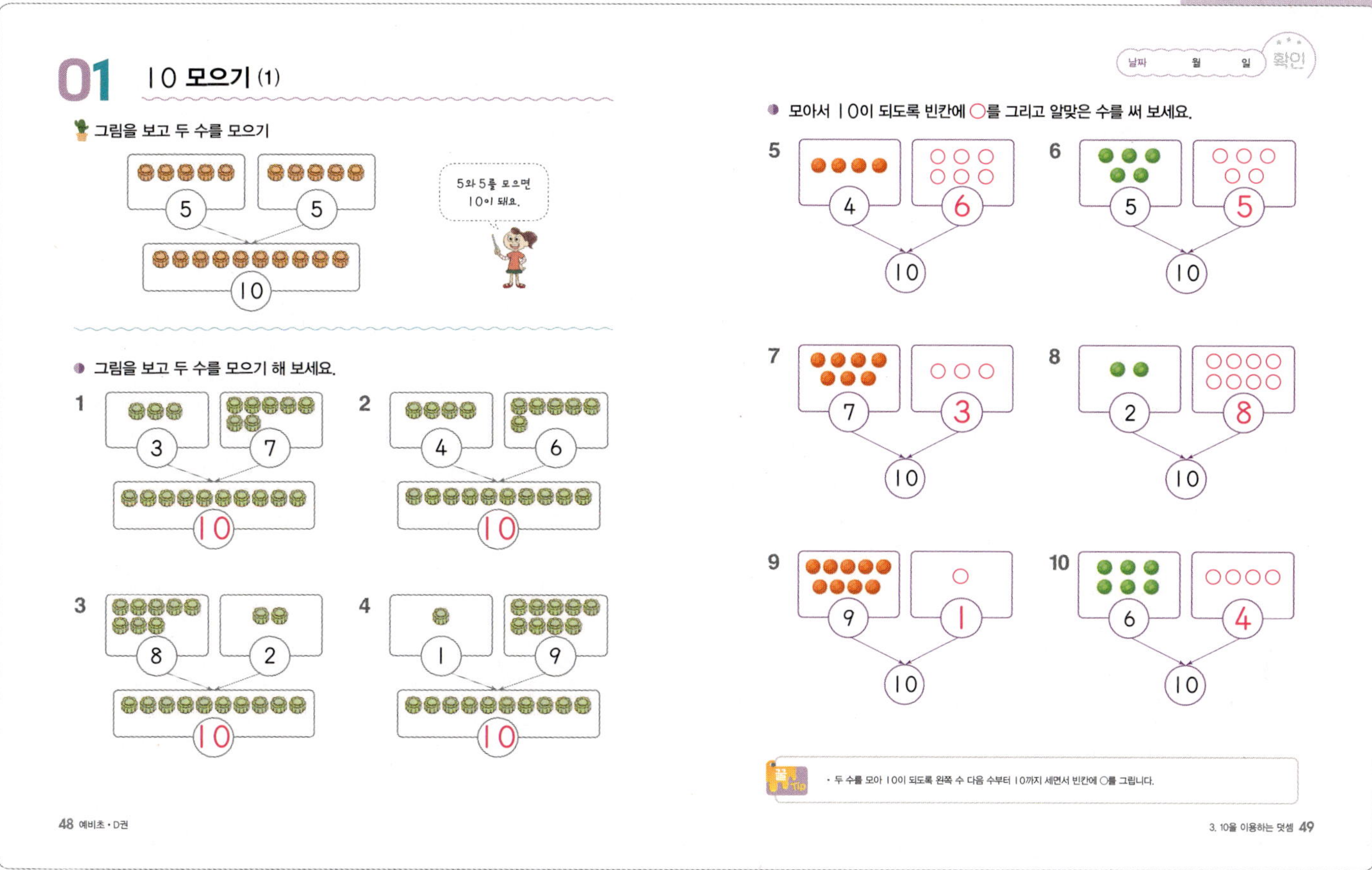

50~51쪽

02 10 모으기 (2)

🌱 10이 되게 모으기

● 두 수를 모으기 해 보세요.

● 모아서 10이 되도록 빈칸에 알맞은 수를 써 보세요.

03 10이 되는 더하기

🌱 10이 되는 덧셈식 알아보기

$1+9=10$
$2+8=10$
$3+7=10$
$4+6=10$
$5+5=10$

● 그림을 보고 10이 되는 덧셈식을 완성해 보세요.

1 $6+\boxed{4}=10$

2 $7+\boxed{3}=10$

3 $\boxed{8}+\boxed{2}=10$

4 $\boxed{9}+\boxed{1}=10$

🔑 Tip
· 그림을 보고 더해서 10이 되도록 그림에 알맞은 덧셈식을 완성할 수 있습니다.
· (분홍색 구슬의 수)+(파란색 구슬의 수)=10에 맞추어 덧셈식을 완성할 수 있습니다.

52 예비초 · D권

● 그림을 보고 10이 되는 덧셈식을 완성해 보세요.

5 $\boxed{8}+\boxed{2}=10$

6 $\boxed{5}+\boxed{5}=10$

7 $\boxed{6}+\boxed{4}=10$

8 $\boxed{3}+\boxed{7}=10$

9 $\boxed{9}+\boxed{1}=10$

10 $\boxed{4}+\boxed{6}=10$

11 $\boxed{7}+\boxed{3}=10$

12 $\boxed{2}+\boxed{8}=10$

3. 10을 이용하는 덧셈 53

04 더해서 10이 되는 수 (1)

🌱 그림을 이용하여 더해서 10이 되는 수 찾기

$6+\boxed{4}=10$

● 구슬이 10개가 되도록 빈 주머니에 ◯를 그리고 ☐ 안에 알맞은 수를 써 보세요.

1 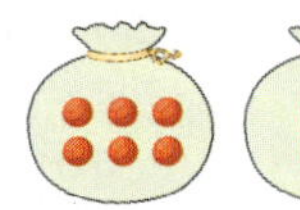 $5+\boxed{5}=10$

2  $8+\boxed{2}=10$

3  $4+\boxed{6}=10$

4 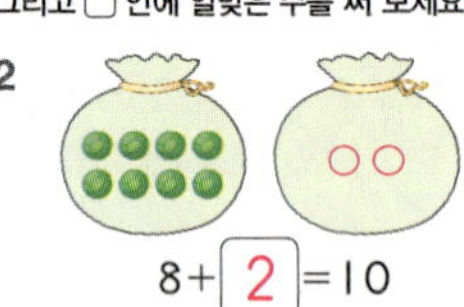 $7+\boxed{3}=10$

🔑 Tip
· 구슬이 10개가 되도록 빈 주머니에 ◯를 그리고 주어진 수와 더해서 10이 되는 수를 찾습니다.

54 예비초 · D권

● 구슬이 10개가 되도록 이어서 색칠하고 ☐ 안에 알맞은 수를 써 보세요.

5 $6+\boxed{4}=10$

6 $9+\boxed{1}=10$

7 $2+\boxed{8}=10$

8 $4+\boxed{6}=10$

9 $3+\boxed{7}=10$

10 $5+\boxed{5}=10$

11 $1+\boxed{9}=10$

12 $7+\boxed{3}=10$

🔑 Tip
· 주어진 구슬의 수 다음 수부터 10까지 세면서 구슬이 10개가 되도록 색칠하고 더해서 10이 되는 수를 찾습니다.

3. 10을 이용하는 덧셈 55

05 더해서 10이 되는 수 (2)

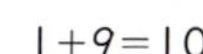 더해서 10이 되는 수 알아보기

$1+9=10$　　　$6+4=10$

$2+8=10$　　　$7+3=10$

$3+7=10$　　　$8+2=10$

$4+6=10$　　　$9+1=10$

$5+5=10$

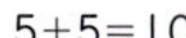

● 더해서 10이 되도록 □ 안에 알맞은 수를 써 보세요.

1 $7+\boxed{3}=10$　　　　**2** $4+\boxed{6}=10$

3 $5+\boxed{5}=10$　　　　**4** $9+\boxed{1}=10$

5 $2+\boxed{8}=10$　　　　**6** $6+\boxed{4}=10$

 · 더해서 10이 되는 두 수를 학습한 뒤 외워 두면 받아올림이 있는 덧셈을 할 때 편리합니다.

● 더해서 10이 되는 두 수를 선으로 이어 보세요.

7 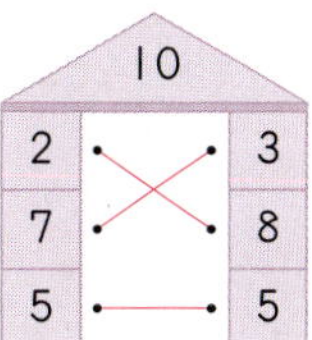

8 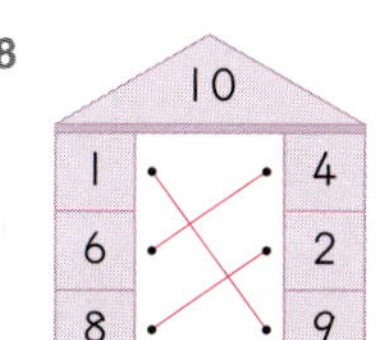

9 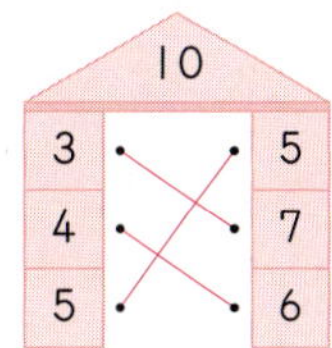

10 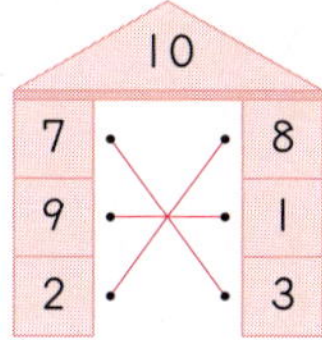

11 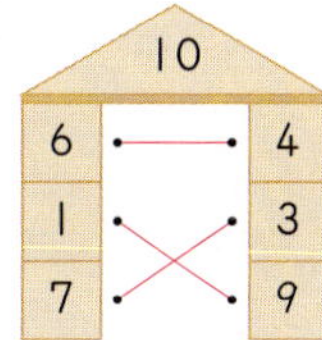

12 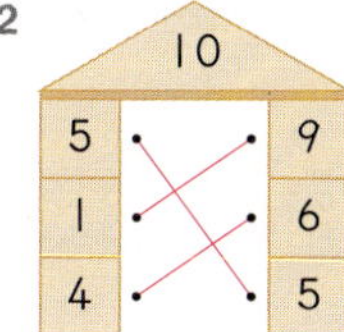

06 10을 만들어 덧셈하기 (1)

 그림을 이용하여 $7+5$ 계산하기

$7+5=12$

● 그림을 보고 덧셈을 하세요.

1 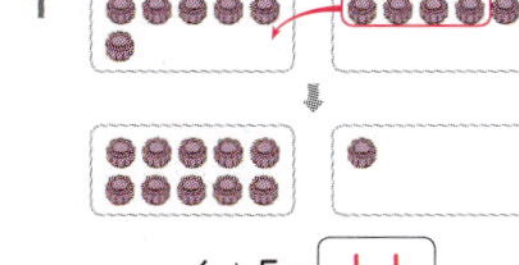

$6+5=\boxed{11}$

2 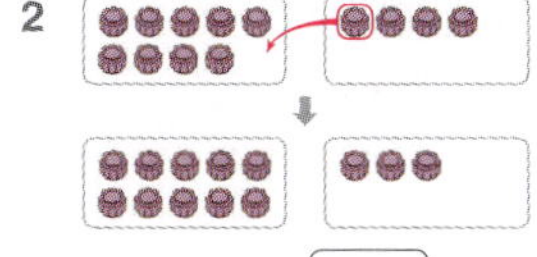

$9+4=\boxed{13}$

3 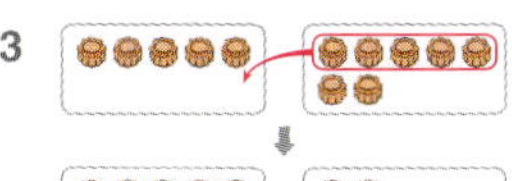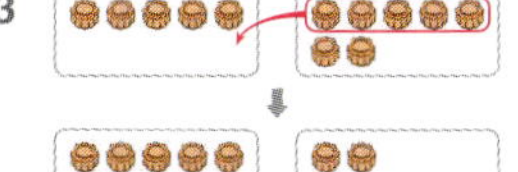

$5+7=\boxed{12}$

4 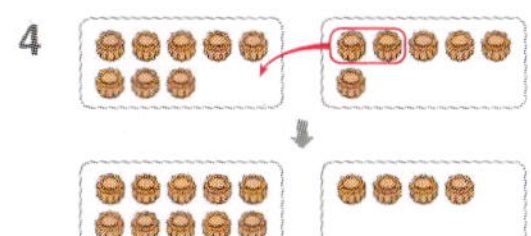

$8+6=\boxed{14}$

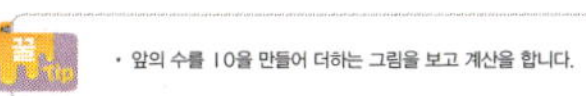 · 앞의 수를 10을 만들어 더하는 그림을 보고 계산을 합니다.

● 그림을 보고 덧셈을 하세요.

5 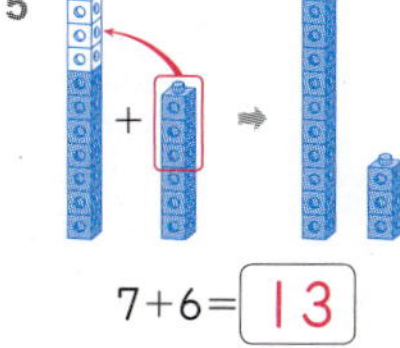

$7+6=\boxed{13}$

6 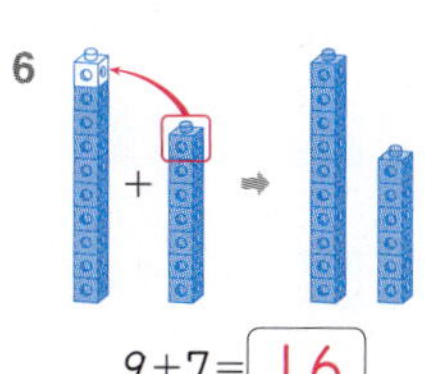

$9+7=\boxed{16}$

7 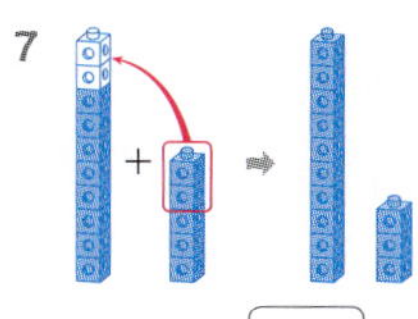

$8+5=\boxed{13}$

8 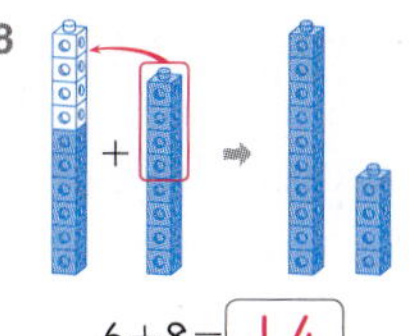

$6+8=\boxed{14}$

9 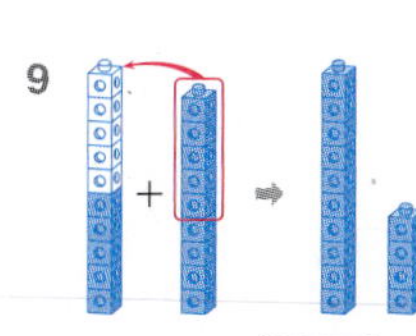

$5+9=\boxed{14}$

10 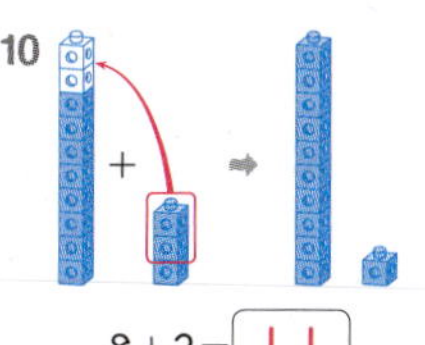

$8+3=\boxed{11}$

07 10을 만들어 덧셈하기 (2)

🌱 그림을 그려서 7+5 계산하기

○를 5개 그리면 모두 12개!

초록색 수(5)만큼 ○를 그려서 계산해요.

$7+5=12$

● 초록색 수만큼 왼쪽 빈칸부터 ○를 그리고 덧셈을 하세요.

1   $8+4=12$

2   $7+9=16$

3   $6+5=11$

4   $9+8=17$

- 왼쪽 빈칸에 이어서 더하는 수(초록색 수)만큼 ○를 그리고 10을 만들어 덧셈을 할 수 있습니다.
- 왼쪽 빈칸을 먼저 채워 10을 만들어 더하는 방법입니다.

● 초록색 수만큼 위의 연결 모형에 이어서 색칠하고 덧셈을 하세요.

5   $7+6=13$

6   $5+8=13$

7   $9+4=13$

8   $8+7=15$

9   $4+7=11$

10   $6+9=15$

11   $8+8=16$

12   $7+7=14$

08 10을 만들어 덧셈하기 (3)

🌵 수를 가르기 하여 7+5 계산하기

$7+5=12$

5를 3과 2로 가르기 하여 계산해요.

3   2
10

● 파란색 수를 가르기 하여 덧셈을 하세요.

1   $8+6=14$
2   4
10

2   $9+4=13$
1   3
10

- 더하는 수(파란색 수)를 가르기 하여 앞의 수를 10을 만들어 덧셈을 할 수 있습니다.

● 파란색 수를 가르기 하여 덧셈을 하세요.

3   $7+9=16$
3   6
10

4   $6+5=11$
4   1
10

5   $8+8=16$
2   6
10

6   $9+7=16$
1   6
10

7   $7+4=11$
3   1
10

8   $8+5=13$
2   3
10

9   $5+9=14$
5   4
10

10   $6+6=12$
4   2
10

09 무엇을 배웠나요?

● 두 수를 모으기 해 보세요.

1 4 6 → **10**

2 7 3 → **10**

3 1 9 → **10**

4 5 5 → **10**

5 2 8 → **10**

6 6 4 → **10**

● 더해서 10이 되도록 □ 안에 알맞은 수를 써 보세요.

7 $8+\boxed{2}=10$

8 $9+\boxed{1}=10$

9 $5+\boxed{5}=10$

10 $7+\boxed{3}=10$

11 $4+\boxed{6}=10$

12 $1+\boxed{9}=10$

● 파란색 수를 가르기 하여 덧셈을 하세요.

13 $9+9=\boxed{18}$ 10 / 8

14 $5+8=\boxed{13}$ 5 / 3 10

15 $4+7=\boxed{11}$ 6 / 1 10

16 $8+6=\boxed{14}$ 2 / 4 10

17 $6+9=\boxed{15}$ 4 / 5 10

18 $7+8=\boxed{15}$ 3 / 5 10

19 $5+9=\boxed{14}$ 5 / 4 10

20 $9+3=\boxed{12}$ 1 / 2 10

01 더해서 몇십이 되는 덧셈 (1)

날짜   월   일   확인

■ 24+6의 세로셈 계산하기

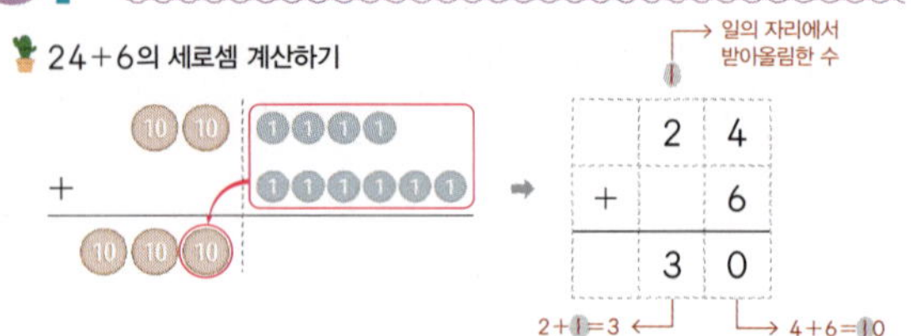

일의 자리에서 받아올림한 수

$$2+1=3 \qquad 4+6=10$$

● 덧셈을 하세요.

1
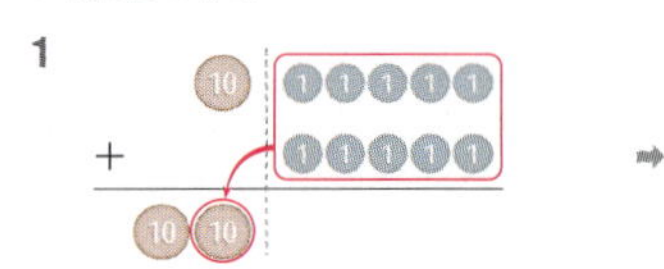

	1	
	1	5
+		5
	2	**0**

2
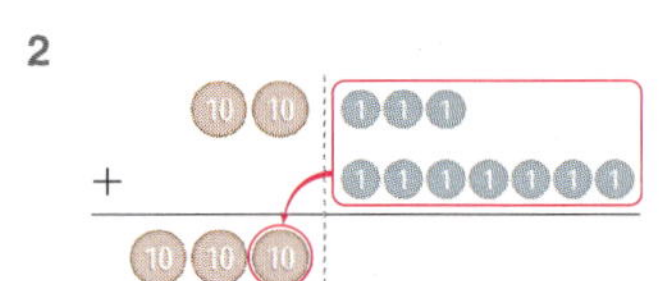

	1	
	2	3
+		7
	3	**0**

● 덧셈을 하세요.

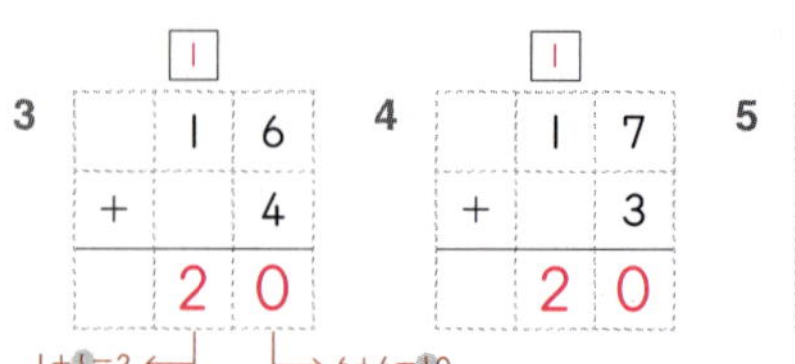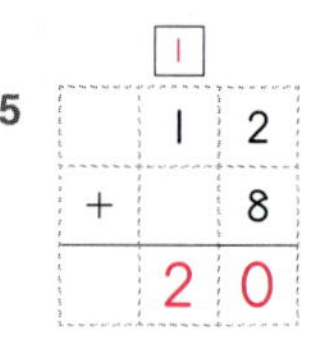

3
	1	
	1	6
+		4
	2	**0**

4
	1	
	1	7
+		3
	2	**0**

5
	1	
	1	2
+		8
	2	**0**

$$1+1=2 \qquad 6+4=10$$

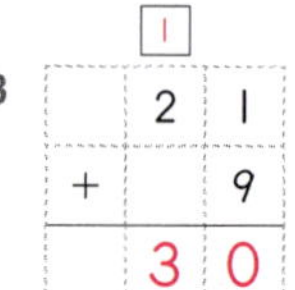

6
	1	
	2	5
+		5
	3	**0**

7
	1	
	2	6
+		4
	3	**0**

8
	1	
	2	1
+		9
	3	**0**

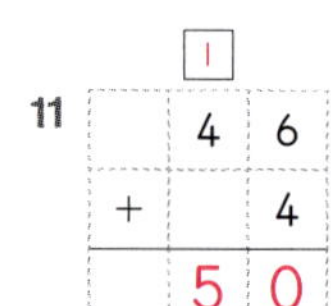

9
	1	
	3	3
+		7
	4	**0**

10
	1	
	3	2
+		8
	4	**0**

11
	1	
	4	6
+		4
	5	**0**

꼭! tip ● 일의 자리 수끼리의 합이 10이 되는 덧셈입니다. 십의 자리 수 위에 받아올림한 1을 쓰고 덧셈을 합니다.

3번은 위치에 상관없이 덧셈식과 답을 알맞게 이으면 정답으로 합니다.

02 더해서 몇십이 되는 덧셈 (2)

날짜   월   일   확인

■ 24+6의 가로셈 계산하기

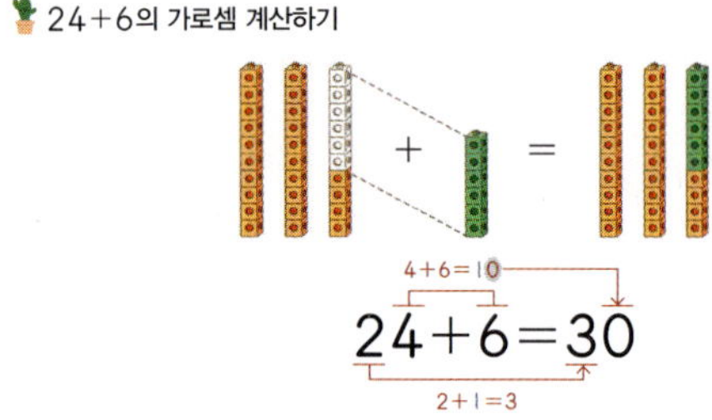

$$4+6=10$$
$$24+6=30$$
$$2+1=3$$

● 덧셈을 하세요.

1
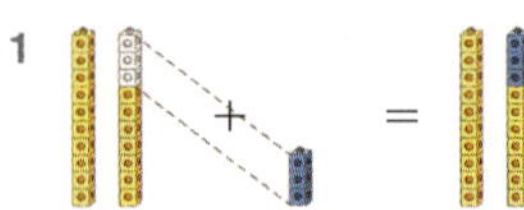
$$17+3=\boxed{20}$$

2
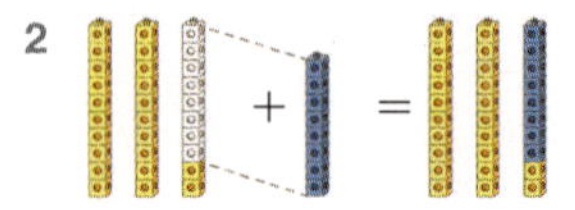
$$22+8=\boxed{30}$$

꼭! tip ● 받아올림이 있는 가로셈 계산이 어려운 경우, 세로셈으로 쓰고 덧셈을 할 수 있습니다.

3 덧셈을 하여 알맞은 답을 찾아 선으로 이어 보세요.

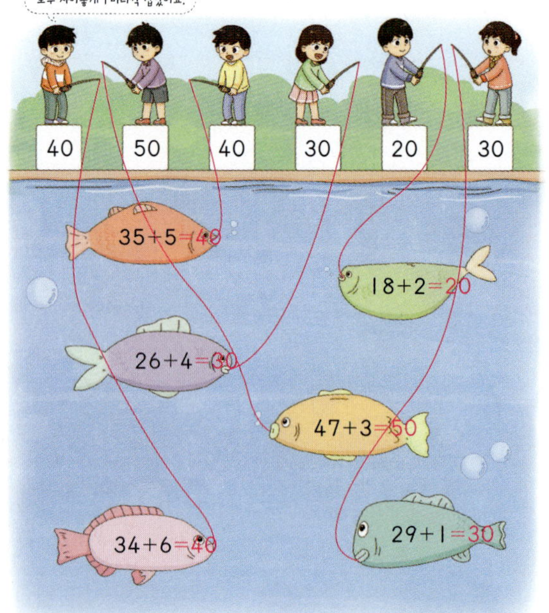

03 더해서 몇십이 되는 덧셈 (3)

🌱 27+3의 가로셈과 세로셈

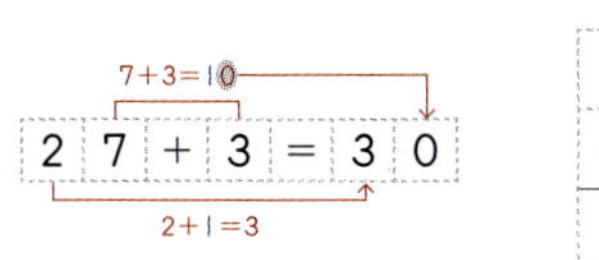

$$2\ 7 + 3 = 3\ 0$$

7+3=10
2+1=3

● 덧셈을 하세요.

1 13+7= **20**   　2 26+4= **30**

3 28+2= **30**   　4 35+5= **40**

5
```
    2 9
  +   1
 ─────
   30
```

6
```
    3 1
  +   9
 ─────
   40
```

7
```
    4 4
  +   6
 ─────
   50
```

• 일의 자리 수끼리의 합이 10이 되는 덧셈입니다. 일의 자리에서 받아올림을 하면 십의 자리 수는 1이 커지고, 일의 자리 수는 0이 됩니다.

8 덧셈을 하세요.

04 더해서 몇십몇이 되는 덧셈 (1)

🌱 15+7의 세로셈 계산하기

일의 자리에서 받아올림한 수

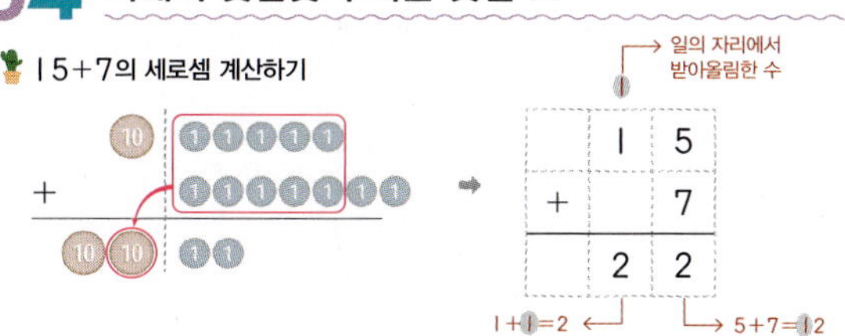

```
    1 5
  + 7
 ─────
   2 2
```

1+1=2　　5+7=12

● 덧셈을 하세요.

1
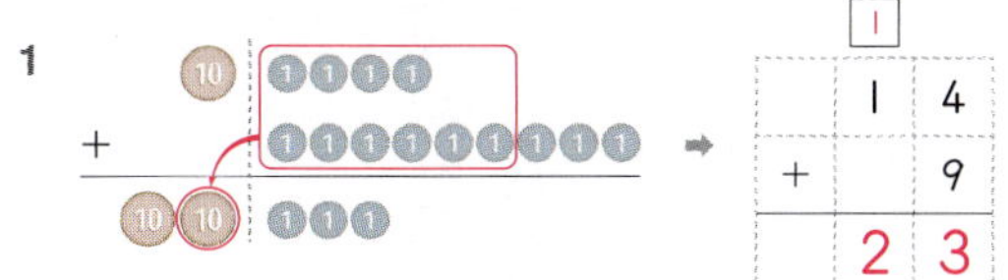
```
    1 4
  +   9
 ─────
   2 3
```

2
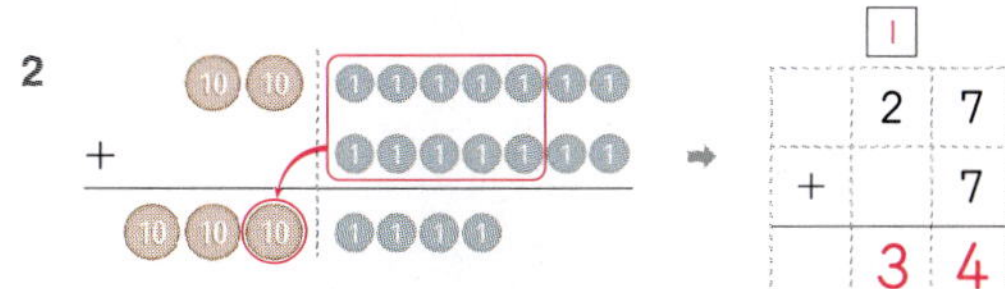
```
    2 7
  +   7
 ─────
   3 4
```

• 일의 자리 수끼리의 합이 십몇이 되는 덧셈입니다. 십의 자리 수 위에 받아올림한 1을 쓰고 덧셈을 합니다.

● 덧셈을 하세요.

3
```
   1 3
 +   8
 ───
   2 1
```
1+1=2　　3+8=11

4
```
   1 6
 +   7
 ───
   2 3
```

5
```
   1 9
 +   6
 ───
   2 5
```

6
```
   2 4
 +   8
 ───
   3 2
```

7
```
   2 7
 +   4
 ───
   3 1
```

8
```
   2 6
 +   8
 ───
   3 4
```

9
```
   3 5
 +   6
 ───
   4 1
```

10
```
   3 6
 +   7
 ───
   4 3
```

11
```
   3 9
 +   6
 ───
   4 5
```

05 더해서 몇십몇이 되는 덧셈 (2)

15+7의 가로셈 계산하기

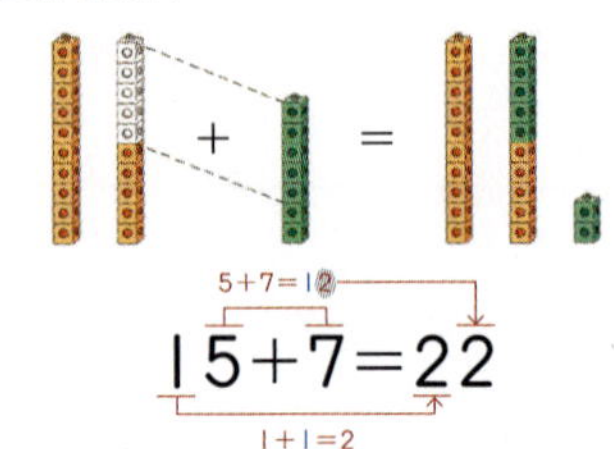

5+7=12
$15+7=22$
1+1=2

● 덧셈을 하세요.

1
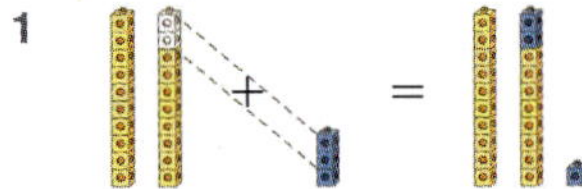
18+3= 21

2
26+8= 34

Tip · 받아올림이 있는 가로셈 계산이 어려운 경우, 세로셈으로 쓰고 덧셈을 할 수 있습니다.

76 예비초·D권

3 덧셈을 하여 알맞은 답을 찾아 선으로 이어 보세요.

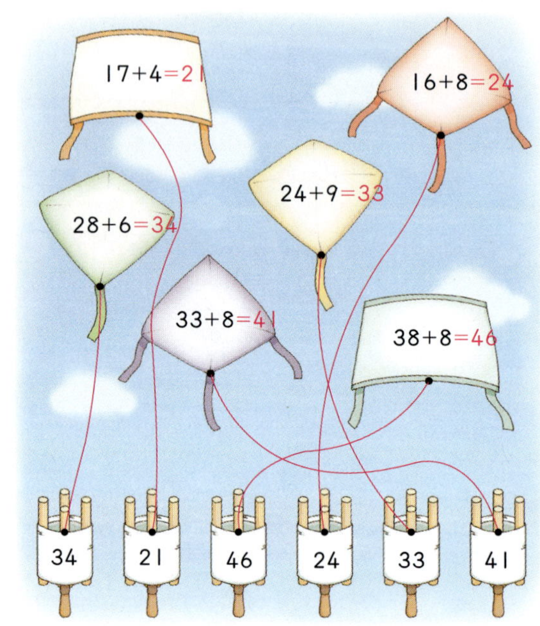

4. 받아올림이 있는 덧셈 77

06 더해서 몇십몇이 되는 덧셈 (3)

18+5의 가로셈과 세로셈

8+5=13
$18+5=23$
1+1=2

		1	
		1	8
+			5
		2	3

● 덧셈을 하세요.

1 16+8= 24

2 27+6= 33

3 24+8= 32

4 38+7= 45

5
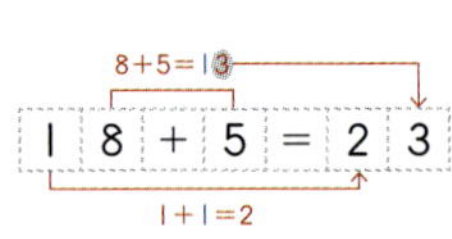
```
  1
  1 9
+   7
 2 6
```

6
```
  1
  2 5
+   7
 3 2
```

7
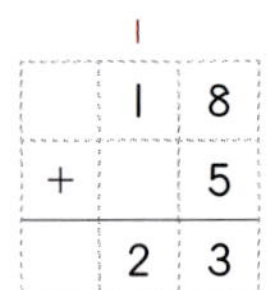
```
  1
  3 4
+   7
 4 1
```

Tip · 일의 자리 수끼리의 합이 십몇이 되는 덧셈입니다. 일의 자리에서 받아올림을 하면 십의 자리 수는 1이 커지고, 일의 자리 수는 몇이 됩니다.

78 예비초·D권

8 덧셈을 하세요.

4. 받아올림이 있는 덧셈 79

07 무엇을 배웠나요? ❶

날짜   월   일   확인

● 덧셈을 하세요.

1 16 + 4 = 20
2 12 + 8 = 20
3 23 + 7 = 30
4 34 + 6 = 40
5 17 + 4 = 21
6 26 + 6 = 32
7 25 + 8 = 33
8 34 + 9 = 43
9 38 + 9 = 47
10 46 + 4 = 50

11 16 + 5 = 21
12 29 + 4 = 33
13 32 + 9 = 41
14 37 + 6 = 43
15 14 + 8 = 22
16 28 + 6 = 34
17 35 + 7 = 42
18 24 + 6 = 30
19 39 + 1 = 40
20 47 + 3 = 50

08 무엇을 배웠나요? ❷

날짜   월   일   확인

● 덧셈을 하세요.

1 19 + 1 = 20
2 26 + 4 = 30
3 27 + 5 = 32
4 34 + 7 = 41
5 29 + 8 = 37
6 48 + 2 = 50
7 16 + 8 = 24
8 22 + 8 = 30
9 35 + 7 = 42
10 11 + 9 = 20
11 25 + 6 = 31
12 37 + 9 = 46

13 17+9 = 26
14 19+8 = 27
15 28+6 = 34
16 39+2 = 41
17 26+5 = 31
18 38+4 = 42
19 13+7 = 20
20 28+2 = 30
21 24+8 = 32
22 36+7 = 43

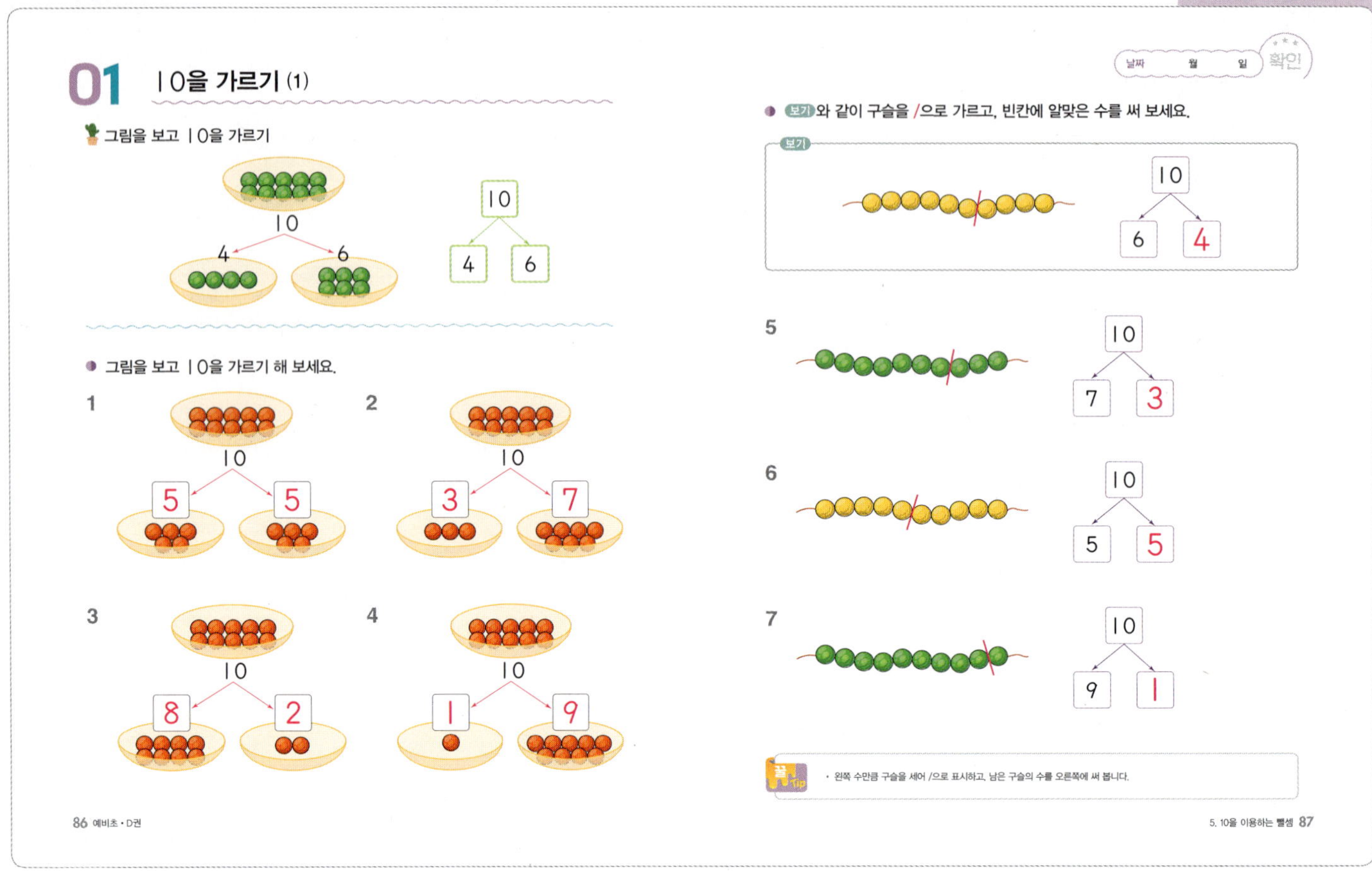

01 10을 가르기 (1)
날짜   월   일   확인
그림을 보고 10을 가르기
10
4   6
10
4   6
그림을 보고 10을 가르기 해 보세요.
1
10
5   5
2
10
3   7
3
10
8   2
4
10
1   9
보기와 같이 구슬을 /으로 가르고, 빈칸에 알맞은 수를 써 보세요.
보기
10
6   4
5
10
7   3
6
10
5   5
7
10
9   1
• 왼쪽 수만큼 구슬을 세어 /으로 표시하고, 남은 구슬의 수를 오른쪽에 써 봅니다.
86 예비초·D권
5. 10을 이용하는 뺄셈 87

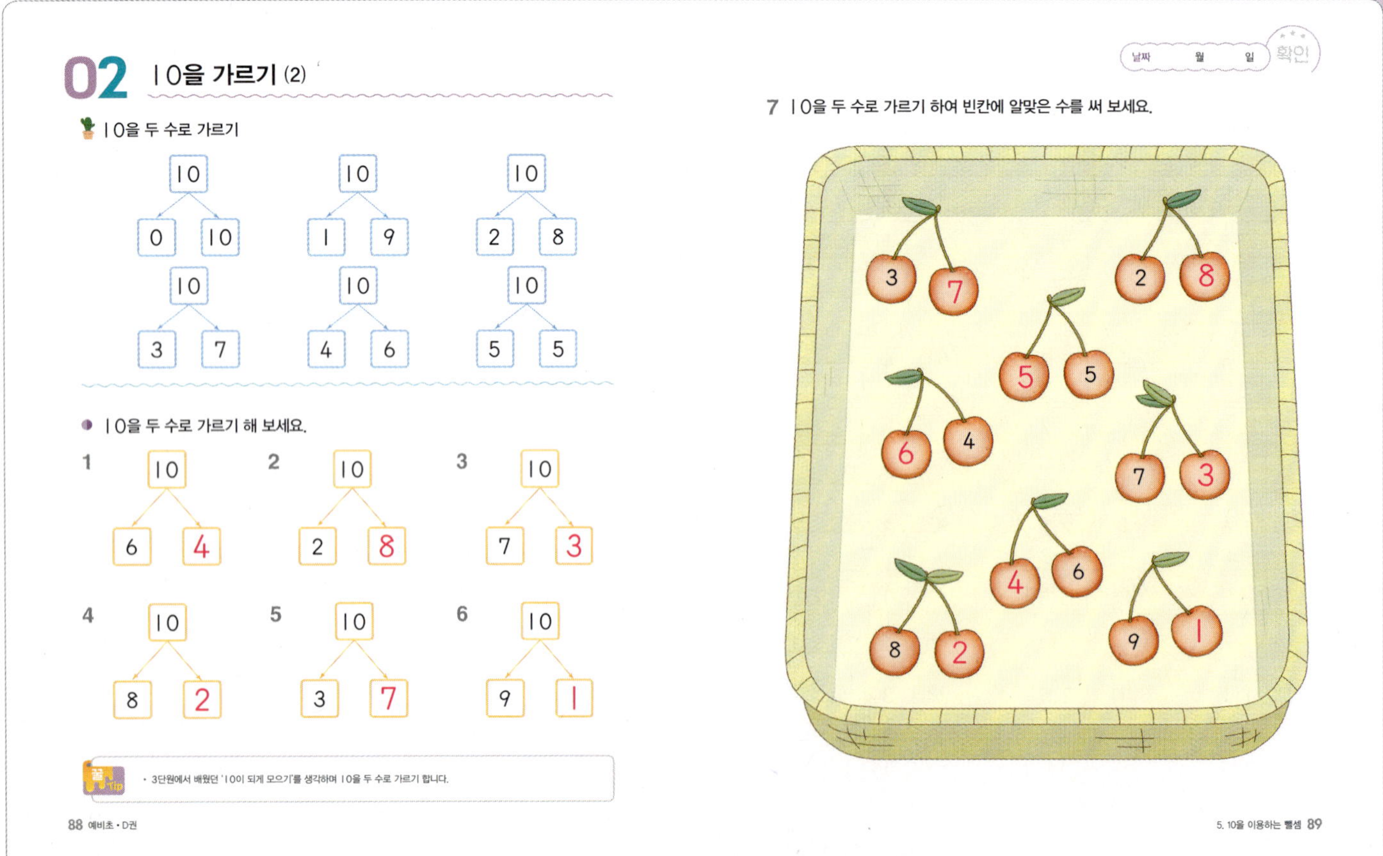

02 10을 가르기 (2)
날짜   월   일   확인
10을 두 수로 가르기
10
0   10
10
1   9
10
2   8
10
3   7
10
4   6
10
5   5
10을 두 수로 가르기 해 보세요.
1   10
6   4
2   10
2   8
3   10
7   3
4   10
8   2
5   10
3   7
6   10
9   1
• 3단원에서 배웠던 '10이 되게 모으기'를 생각하여 10을 두 수로 가르기 합니다.
7 10을 두 수로 가르기 하여 빈칸에 알맞은 수를 써 보세요.
3   7   2   8
5   5
6   4   7   3
4   6
8   2   9   1
88 예비초·D권
5. 10을 이용하는 뺄셈 89

1~4번은 위치에 상관없이 파란색 수만큼
/으로 지웠으면 정답으로 합니다.

03 10에서 빼기 (1)

🌱 10에서 빼고 남은 수 찾기

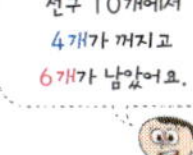

$$10-4=6$$

● 파란색 수만큼 전구를 /으로 지우고 뺄셈을 하세요.

1 $10-2=$ [8]

2 $10-4=$ [6]

3 $10-7=$ [3]

4 $10-9=$ [1]

· 빼는 수만큼 전구를 /으로 지우고 남은 전구의 수를 세어 뺄셈을 합니다.

● 구슬이 10개 들어있는 통에서 구슬을 뽑았습니다. 통에 남은 구슬의 수만큼 ○를 그리고 뺄셈을 하세요.

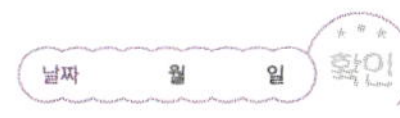

5

$10-4=$ [6]

6

$10-2=$ [8]

7
$10-5=$ [5]

8
$10-6=$ [4]

9
$10-7=$ [3]

10
$10-9=$ [1]

04 10에서 빼기 (2)

🌱 10에서 빼고 남은 수 알아보기

$10-1=9$ $10-6=4$
$10-2=8$ $10-7=3$
$10-3=7$ $10-8=2$
$10-4=6$ $10-9=1$
$10-5=5$

● 그림을 보고 10개 중에서 남은 과일은 몇 개인지 뺄셈을 하세요.

1

$10-1=$ [9]

2

$10-3=$ [7]

3

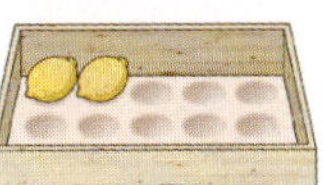

$10-$ [5] $=$ [5]

4
$10-$ [8] $=$ [2]

· 10을 두 수로 가르기를 했던 것을 이용하여 10에서 빼기를 할 수 있습니다.

● 뺄셈을 하세요.

5 $10-1=$ [9]

6 $10-3=$ [7]

7 $10-2=$ [8]

8 $10-4=$ [6]

9 $10-5=$ [5]

10 $10-7=$ [3]

11 $10-6=$ [4]

12 $10-8=$ [2]

13 $10-9=$ [1]

14 $10-4=$ [6]

05 10을 이용하여 뺄셈하기 (1)

그림을 이용하여 14-6 계산하기

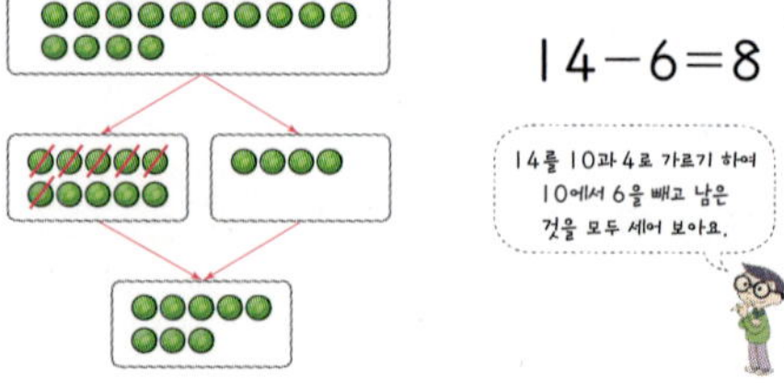

$14-6=8$

그림을 보고 뺄셈을 하세요.

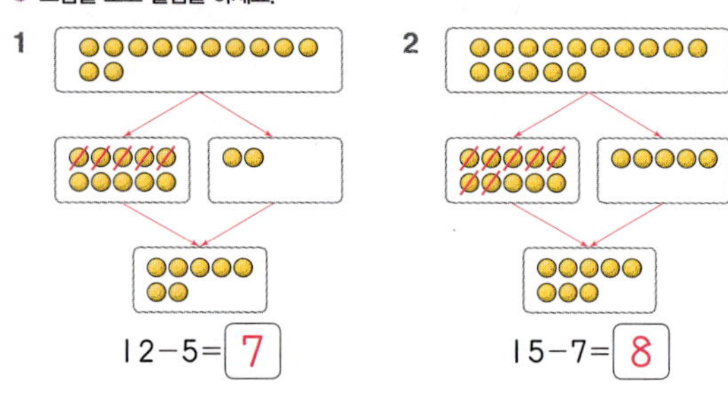

1 $12-5=\boxed{7}$

2 $15-7=\boxed{8}$

그림을 보고 뺄셈을 하세요.

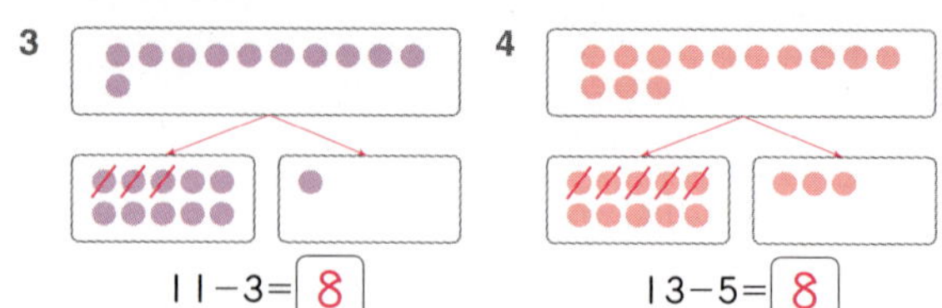

3 $11-3=\boxed{8}$

4 $13-5=\boxed{8}$

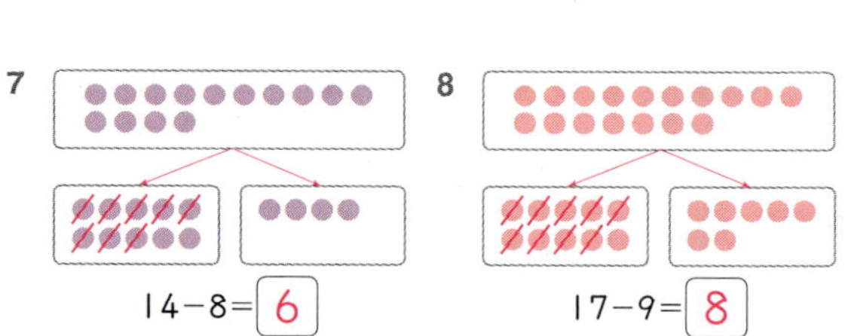

5 $12-7=\boxed{5}$

6 $15-6=\boxed{9}$

7 $14-8=\boxed{6}$

8 $17-9=\boxed{8}$

꿀팁 · 십몇을 10과 몇으로 가르기 하고, 10에서 빼고 남은 수와 몇을 모으기 합니다.

1~3번은 10개 중에서 초록색 수만큼
/으로 지웠으면 정답으로 합니다.

06 10을 이용하여 뺄셈하기 (2)

14를 가르기 하여 14-6 계산하기

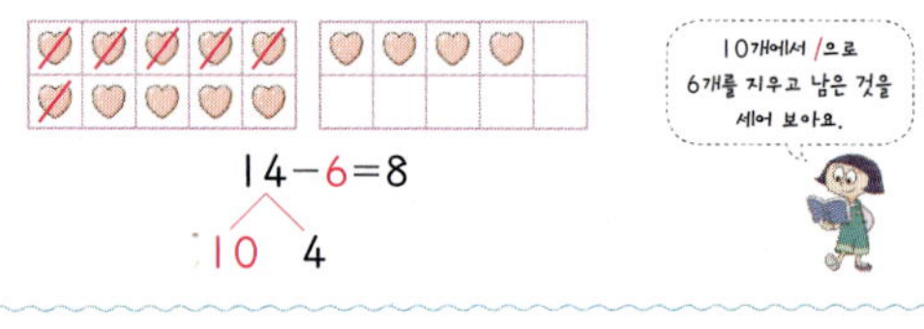

$14-6=8$

왼쪽 10개의 과자 중에서 초록색 수만큼 /으로 지우고 뺄셈을 하세요.

1  $11-2=\boxed{9}$

2 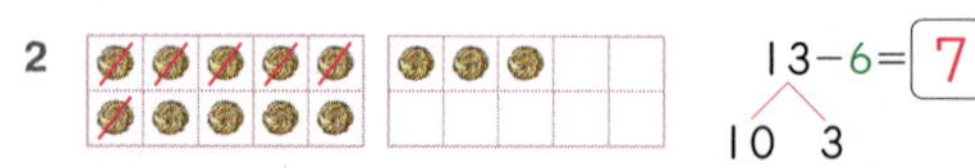 $13-6=\boxed{7}$

3 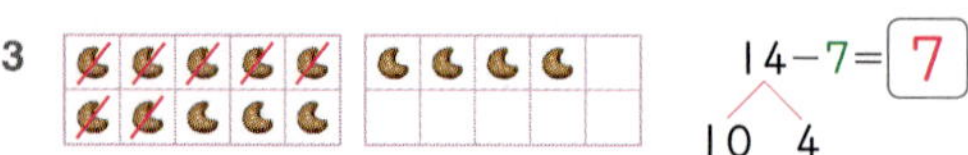 $14-7=\boxed{7}$

4 뺄셈을 하여 알맞은 답을 찾아 길을 따라가 보세요.

꿀팁 · 십몇을 10과 몇으로 가르기 하고, 10에서 빼고 남은 수와 몇을 더해서 계산을 합니다.
예 14-6의 경우, 14를 10과 4로 가르기 하여 10에서 6을 빼고 남은 4와 4를 더하면 8이 됩니다.

07 10을 이용하여 뺄셈하기 (3)

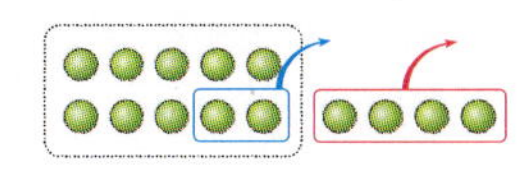

🌱 6을 가르기 하여 14−6 계산하기

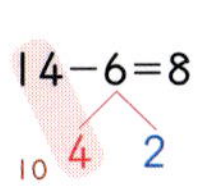

$14-6=8$

● 그림을 보고 뺄셈을 하세요.

1 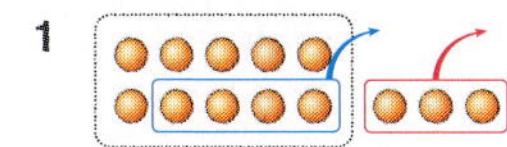 $13-7=\boxed{6}$

2 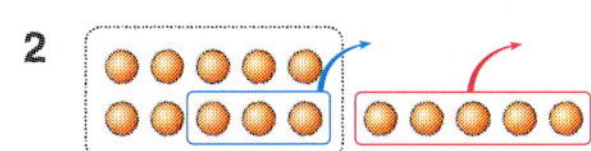 $15-8=\boxed{7}$ 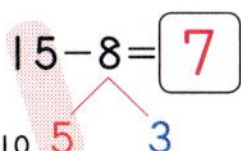

3 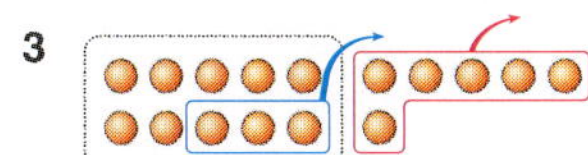 $16-9=\boxed{7}$ 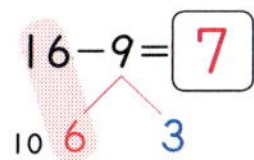

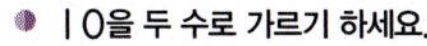
Tip · 빨간색 수를 먼저 빼서 10을 만들고, 10에서 파란색 수를 뺍니다.

● 초록색 수를 가르기 하여 뺄셈을 하세요.

4 $13-5=\boxed{8}$ **5** $12-7=\boxed{5}$

6 $14-8=\boxed{6}$ **7** $15-7=\boxed{8}$

8 $16-8=\boxed{8}$ **9** $18-9=\boxed{9}$

10 $17-9=\boxed{8}$ **11** $13-9=\boxed{4}$

08 무엇을 배웠나요?

● 10을 두 수로 가르기 하세요.

1 10 → 3, 7 **2** 10 → 5, 5 **3** 10 → 6, 4

4 10 → 1, 9 **5** 10 → 4, 6 **6** 10 → 8, 2

● 빈칸에 알맞은 수를 써 보세요.

7 10 → −4 → 6

8 10 → −7 → 3

9 13 → −5 → 8

10 15 → −8 → 7

● 뺄셈을 하세요.

11 $12-3=\boxed{9}$ **12** $13-6=\boxed{7}$

13 $11-7=\boxed{4}$ **14** $14-5=\boxed{9}$

15 $12-5=\boxed{7}$ **16** $14-7=\boxed{7}$

17 $16-7=\boxed{9}$ **18** $17-9=\boxed{8}$

19 $16-8=\boxed{8}$ **20** $18-9=\boxed{9}$

- 1~4번은 위치에 상관없이 파란색 수만큼 /으로 지웠으면 정답으로 합니다.
- 5~10번은 위치에 상관없이 초록색 수만큼 /으로 지웠으면 정답으로 합니다.

01 몇십에서 빼는 뺄셈 (1)

날짜　월　일　확인

/으로 지우고 30-5 계산하기

$30-5=25$

● 파란색 수만큼 /으로 지우고 뺄셈을 하세요.

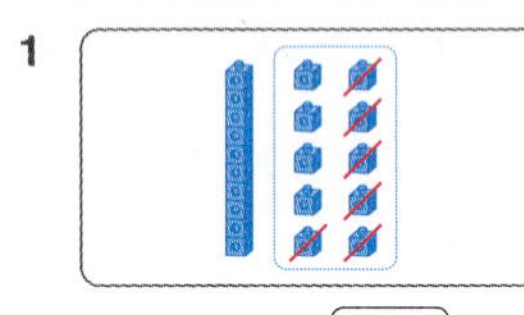
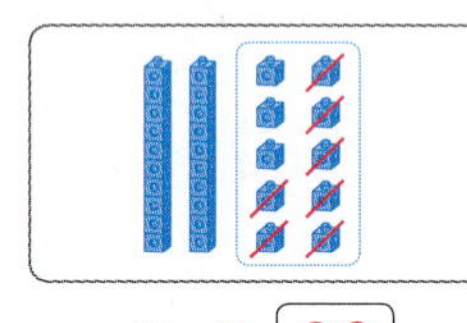

1　$20-6=14$

2　$30-7=23$

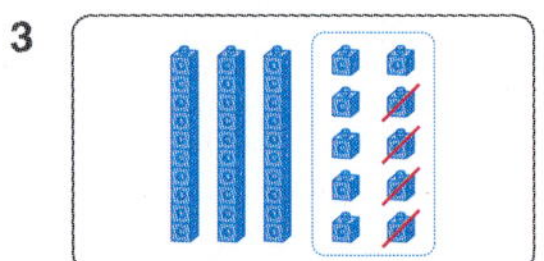
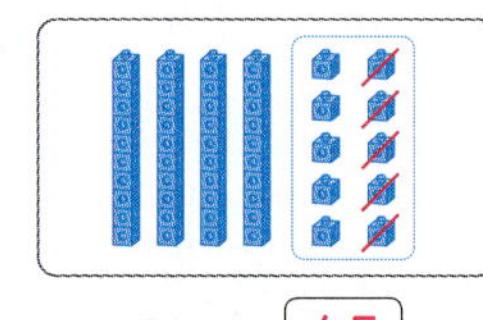

3　$40-4=36$

4　$50-5=45$

● 초록색 수만큼 달걀을 /으로 지우고 뺄셈을 하세요.

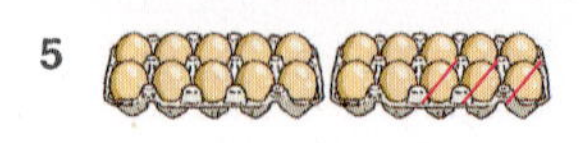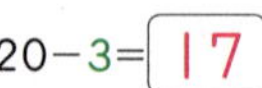

5　$20-3=17$

6　$30-4=26$

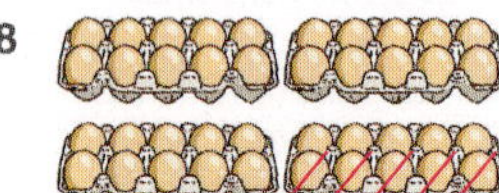

7　$30-8=22$

8　$40-5=35$

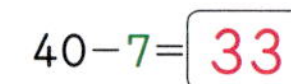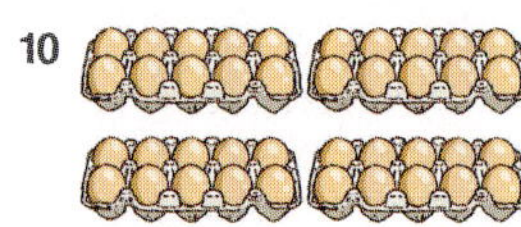

9　$40-7=33$

10　$50-6=44$

● 빼는 수(초록색 수)만큼 달걀을 /으로 지우고 남은 달걀의 수를 세어 뺄셈을 합니다.

02 몇십에서 빼는 뺄셈 (2)

날짜　월　일　확인

30-5의 세로셈 계산하기

받아내림하고 남은 수!　십의 자리에서 받아내림한 수!

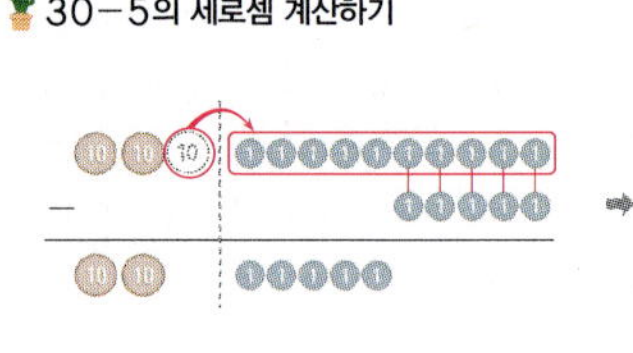
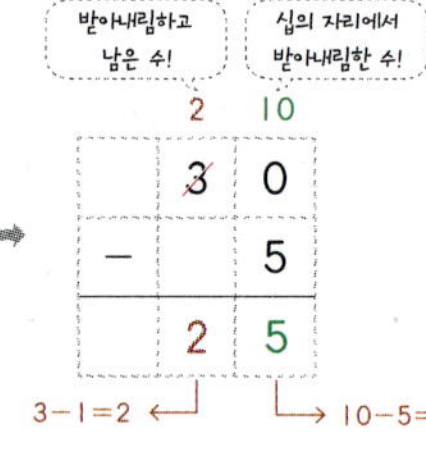

$$\begin{array}{c c} 2 & 10 \\ 3 & 0 \\ - & 5 \\ \hline 2 & 5 \end{array}$$

$3-1=2$　　$10-5=5$

● 뺄셈을 하세요.

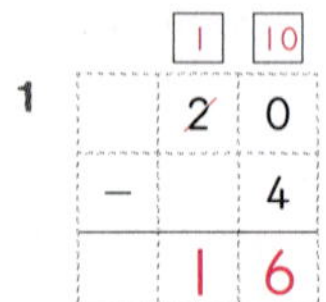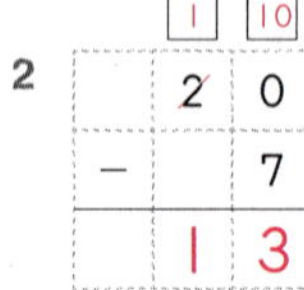

1　(1 / 10)　$20-4=16$

2　(1 / 10)　$20-7=13$

3　(2 / 10)　$30-2=28$

4　(2 / 10)　$30-7=23$

5　(3 / 10)　$40-6=34$

6　(3 / 10)　$40-9=31$

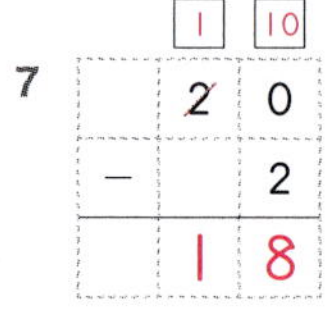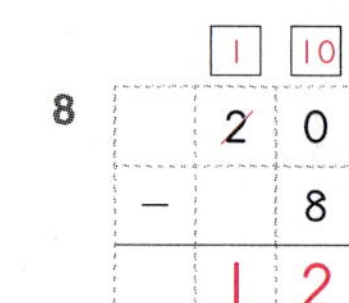

● 뺄셈을 하세요.

7　(2 / 10)　$20-2=18$

8　(1 / 10)　$20-8=12$

9　(2 / 10)　$30-1=29$

10　(2 / 10)　$30-6=24$

11　(2 / 10)　$30-9=21$

12　(3 / 10)　$40-4=36$

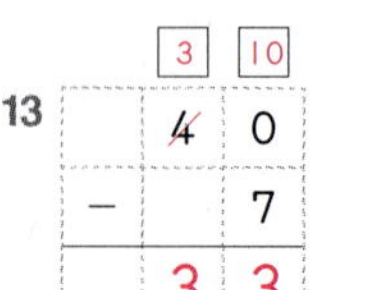

13　(3 / 10)　$40-7=33$

14　(4 / 10)　$50-2=48$

15　(4 / 10)　$50-9=41$

● □안에 받아내림한 수와 받아내림하고 남은 수를 쓰고 뺄셈을 합니다.

03 몇십에서 빼는 뺄셈 (3)

🌱 40−6의 가로셈과 세로셈

$$3 \; 10$$
$$4 \, 0 - 6 = 3 \, 4$$

$$\begin{array}{r} 3 \; 10 \\ 4 \; 0 \\ - \quad 6 \\ \hline 3 \; 4 \end{array}$$

● 뺄셈을 하세요.

1.
$$\begin{array}{r} 1 \; 10 \\ 2 \; 0 \\ - \quad 4 \\ \hline 1 \; 6 \end{array}$$

2.
$$\begin{array}{r} 2 \; 10 \\ 3 \; 0 \\ - \quad 6 \\ \hline 2 \; 4 \end{array}$$

3.
$$\begin{array}{r} 3 \; 10 \\ 4 \; 0 \\ - \quad 3 \\ \hline 3 \; 7 \end{array}$$

4. $20 - 6 = 14$

5. $30 - 7 = 23$

6. $40 - 5 = 35$

7. $50 - 2 = 48$

8. 뺄셈을 하세요.

- 1~4번은 위치에 상관없이 파란색 수만큼 /으로 지웠으면 정답으로 합니다.
- 5~10번은 위치에 상관없이 초록색 수만큼 /으로 지웠으면 정답으로 합니다.

04 몇십몇에서 빼는 뺄셈 (1)

🌱 /으로 지우고 23−6 계산하기

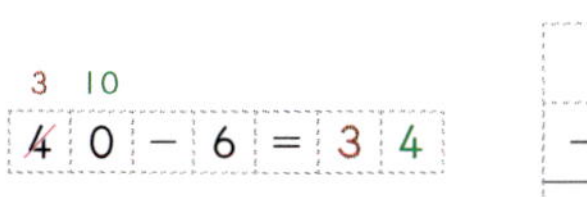

$$23 - 6 = 17$$

● 파란색 수만큼 /으로 지우고 뺄셈을 하세요.

1. 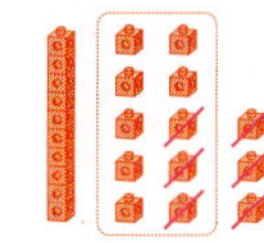 $21 - 5 = 16$

2.  $24 - 7 = 17$

3. 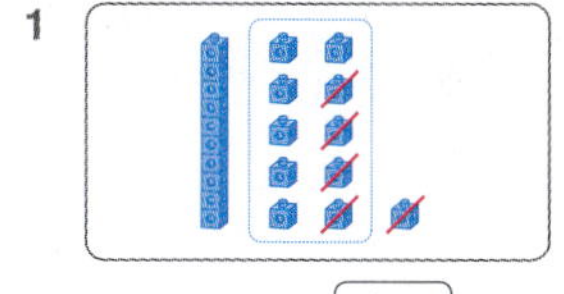 $33 - 6 = 27$

4. 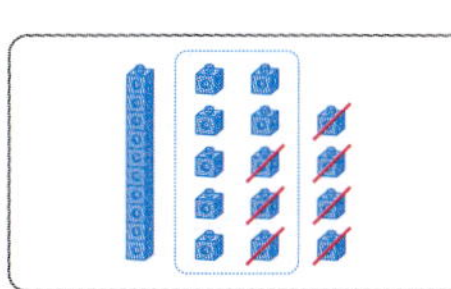 $42 - 8 = 34$

● 초록색 수만큼 달걀을 /으로 지우고 뺄셈을 하세요.

5. 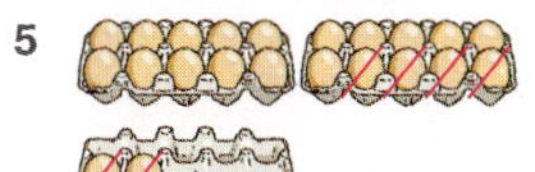 $22 - 6 = 16$

6.  $31 - 4 = 27$

7. 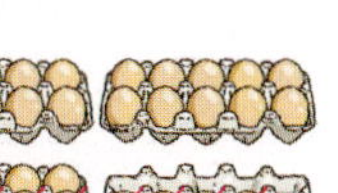 $34 - 7 = 27$

8.  $36 - 8 = 28$

9. 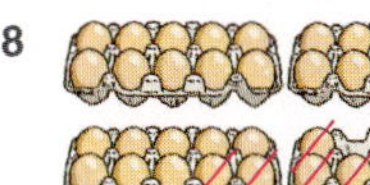 $43 - 5 = 38$

10.  $45 - 6 = 39$

05 몇십몇에서 빼는 뺄셈 (2)

🌱 23−6의 세로셈 계산하기

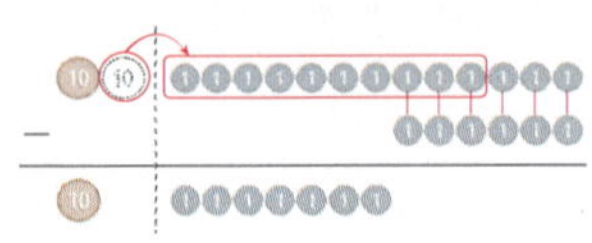

받아내림하고 남은 수 / 십의 자리에서 받아내림한 수

	1	10
	2	3
−		6
	1	7

2−1=1 ← → 13−6=7

● 뺄셈을 하세요.

1

	1	10
	2	2
−		4
	1	8

2

	2	10
	3	4
−		5
	2	9

3

	3	10
	4	1
−		3
	3	8

4

	1	10
	2	5
−		8
	1	7

5

	2	10
	3	7
−		9
	2	8

6

	3	10
	4	6
−		7
	3	9

● 뺄셈을 하세요.

7

	1	10
	2	1
−		4
	1	7

8

	1	10
	2	4
−		5
	1	9

9

	1	10
	2	6
−		8
	1	8

10

	2	10
	3	2
−		5
	2	7

11

	2	10
	3	3
−		7
	2	6

12

	2	10
	3	7
−		8
	2	9

13

	3	10
	4	3
−		4
	3	9

14

	3	10
	4	5
−		8
	3	7

15

	3	10
	4	8
−		9
	3	9

풀이 Tip • □ 안에 받아내림한 수와 받아내림하고 남은 수를 쓰고 뺄셈을 할 수 있습니다.

06 몇십몇에서 빼는 뺄셈 (3)

🌱 34−7의 가로셈과 세로셈

2 10
$3\ 4 - 7 = 2\ 7$

2 10
	3	4
−		7
	2	7

● 뺄셈을 하세요.

1

1 10
	2	1
−		5
	1	6

2

2 10
	3	5
−		6
	2	9

3

3 10
	4	3
−		5
	3	8

4 1 10 / $24−6= \boxed{18}$

5 2 10 / $33−5= \boxed{28}$

6 2 10 / $37−8= \boxed{29}$

7 3 10 / $46−9= \boxed{37}$

8 뺄셈을 하세요.

풀이 Tip • 가로셈이나 세로셈을 할 때 받아내림을 표시하여 뺄셈을 할 수 있습니다.

07 무엇을 배웠나요? ❶

날짜　월　일　확인

● 뺄셈을 하여 빈칸에 알맞은 수를 써 보세요.

1

	20	
30	−4	26
	16	

→ 30−4
→ 20−4

2

	40	
50	−6	44
	34	

7

	50	
40	−3	37
	47	

8

	30	
20	−5	15
	25	

3

	35	
50	−7	43
	28	

4

	21	
32	−3	29
	18	

9

	42	
50	−4	46
	38	

10

	45	
32	−6	26
	39	

5

	33	
41	−5	36
	28	

6

	42	
47	−8	39
	34	

11

	32	
41	−7	34
	25	

12

	40	
33	−8	25
	32	

08 무엇을 배웠나요? ❷

날짜　월　일　확인

● 뺄셈을 하세요.

1　20 − 3 = 17

2　22 − 6 = 16

3　26 − 8 = 18

4　30 − 9 = 21

5　34 − 6 = 28

6　35 − 8 = 27

7　30 − 6 = 24

8　23 − 7 = 16

9　24 − 9 = 15

10　20 − 1 = 19

11　31 − 3 = 28

12　46 − 9 = 37

● 뺄셈을 하세요.

13 30 − 7 = 23

14 23 − 7 = 16

15 31 − 5 = 26

16 42 − 3 = 39

17 24 − 6 = 18

18 31 − 2 = 29

19 40 − 4 = 36

20 33 − 7 = 26

21 21 − 9 = 12

22 46 − 8 = 38

120쪽

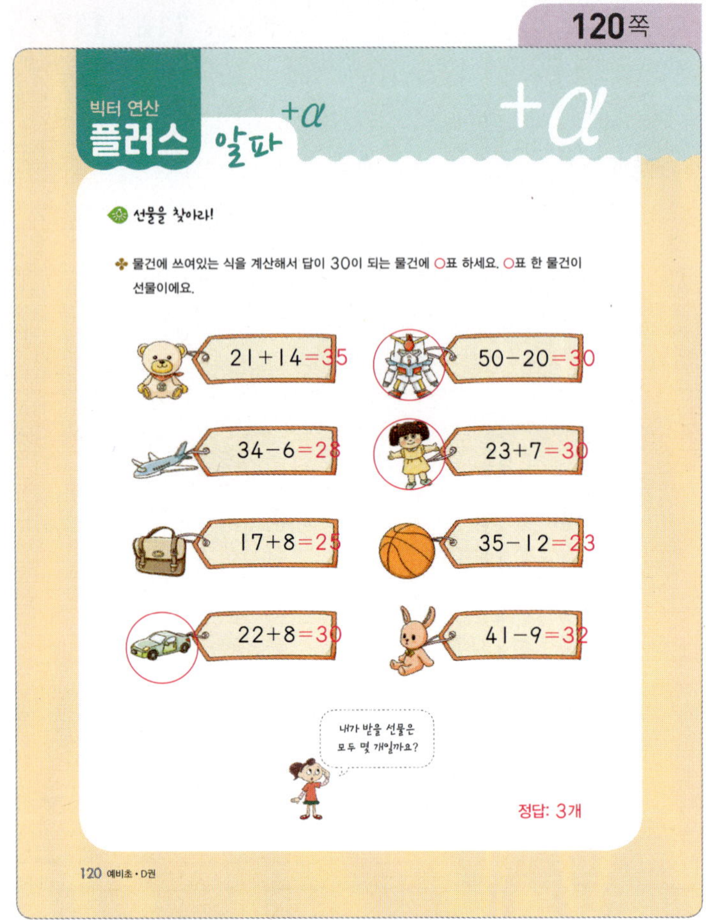
빅터 연산
플러스 알파 +α
+α
선물을 찾아라!
물건에 쓰여있는 식을 계산해서 답이 30이 되는 물건에 ○표 하세요. ○표 한 물건이
선물이에요.
21+14=35
50-20=30
34-6=28
23+7=30
17+8=25
35-12=23
22+8=30
41-9=32
내가 받을 선물은
모두 몇 개일까요?
정답: 3개
120 예비초·D권

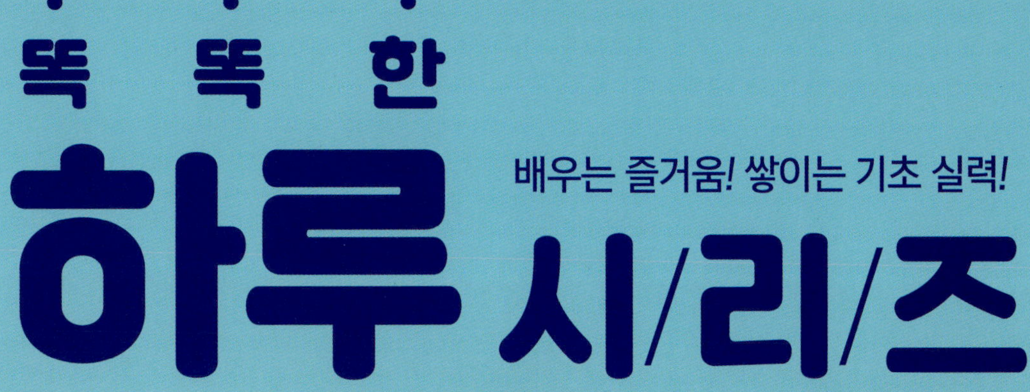

과목	교재 구성	과목	교재 구성
하루 독해	예비초~6학년 각 A·B (14권)	하루 VOCA	3~6학년 각 A·B (8권)
하루 어휘	예비초~6학년 각 A·B (14권)	하루 Grammar	3~6학년 각 A·B (8권)
하루 글쓰기	예비초~6학년 각 A·B (14권)	하루 Reading	3~6학년 각 A·B (8권)
하루 한자	예비초: 예비초 A·B (2권) 1~6학년: 1A~4C (12권)	하루 Phonics	Starter A·B / 1A~3B (8권)
하루 수학	1~6학년 1·2학기 (12권)	하루 봄·여름·가을·겨울	1~2학년 각 2권 (8권)
하루 계산	예비초~6학년 각 A·B (14권)	하루 사회	3~6학년 1·2학기 (8권)
하루 도형	예비초 A·B, 1~6학년 6단계 (8권)	하루 과학	3~6학년 1·2학기 (8권)
하루 사고력	1~6학년 각 A·B (12권)	하루 안전	1~2학년 (2권)

정답은
이안에
있어!